宴會料理師的堅持

Bread

Recipes By Baking Studio Grano Di Ciaco

Party

佐川久子
Baking Studio Grano Di Ciaco 創辦人

瑞昇文化

contents

Chapter *1*
四季的麵包派對
身為主角的麵包與料理 ⋯⋯⋯ 19
Bread Party

春 Spring
主角是麵包的下午茶 ⋯⋯⋯⋯⋯⋯⋯⋯ 20

初夏 Early Summer
充滿蔬菜的義式派對 ⋯⋯⋯⋯⋯⋯⋯⋯ 32

盛夏 Midsummer
用優雅的舊殖民時代風格妝點越南料理 ⋯⋯ 44

秋 Autumn
享受季節的和風演出，午間大集合 ⋯⋯ 56

晚秋 Late Autumn
充滿酒香的大人麵包派對 ⋯⋯⋯⋯⋯⋯ 66

關於烘焙百分比

所謂烘焙百分比，是指假設麵粉為100，其他材料相對於麵粉為幾％。一般來說，講到％會以全體為100來計算，但在製作麵包時，材料要配合多少是以麵粉為100來計算。舉例而言，如果寫奶油5％，此時麵粉若為100g，奶油就是100×5％＝5g，麵粉若為300g，奶油就是300×5％＝15g。和一般的％不同，全部材料的加總會超過100，麵包的話會到170～200％左右，因此需特別注意。

prologue

麵包的起源約在西元一萬年前，由埃及人所製作。

在那之前人們的主食是像麥片一樣的食物，在某次偶然烤成煎餅形狀後，因為香氣和美味，加上易於保存，人們才注意到麵包。

後來經過不斷嘗試，將馬鈴薯、小麥煮熟，加入糖發酵，做成天然酵母後，麵包開始得以膨脹。

一直到19世紀中期巴斯德發現酵母菌為止，人們都相信膨脹的麵包是「神的禮物」。

我無論是在家或在各種機會中教導各位做麵包時，製作出來的成品都會因為季節和食材的不同，而有完全不同的成果，這使我更加開心，也真切感覺到這真的是「手作的神的禮物」。

佐川久子

● 這本書基本上使用3種麵團，也會介紹包含我的原創食譜在內的配方。
● 關於書中的麵包作法，揉麵團時使用揉麵機，最後發酵時使用發酵器具。
● 除了第一次發酵會特別指定溫度以外，常溫發酵時，因為每個季節的常溫不同，所以用加水的溫度調整。第一次發酵時，揉好的麵團溫度是重點，所以會列出適宜溫度。
● 整形的部分會特別解說或利用步驟照片說明。
● 烤焙時，除了特別指定以外，本書都是介紹使用瓦斯烤箱時的溫度與所需要的時間。根據烤箱的製造商或型號不同，烘烤溫度與所需的時間也會不同。烤箱顯示的溫度與烤箱內的實際溫度不同，是造成麵包沒有焦色、烘烤失敗的主因。家庭式烤箱有時不會按照設定的溫度預熱，也有很多時候實際溫度會與顯示的溫度不同，所以最好用烤箱溫度計測量烤箱內的溫度，用實際溫度烘烤。
● 材料表（　）內的％數為烘焙百分比（參考P.3）。

Baking Studio Grano Di Ciaco
做麵包的堅持
7 個原則

1 選材不妥協

決定麵包味道的最大要素就是食材的選擇。對麵粉的比例或副材料的堅持，會大幅影響口感和麵包烤焙膨脹的過程。特別是當混合了2種以上的麵粉時會發現充滿獨特性的新口味，也是做麵包的魅力之一。

2 在麵團加入季節感

將豐富的四季變化加入麵包裡是重要的。季節食材不僅能表現出當季才有的美味，更能對參加宴會的來賓傳達出款待的熱情。

3 判斷發酵是最重要的關鍵

一次發酵、最後發酵的判斷，不只會影響到烤焙後的體積與口感，甚至與味道變化息息相關。氣溫與濕度會使發酵產生劇烈變化，發酵的判斷至關重要。

4 不囿於製作麵包的固有觀念

雖然製作麵包有基本流程，但製作方法每日都在進化與變化，不存在絕對標準，這也是製作麵包的深邃魅力，為了到達美味的目的，不要囿於製作流程等相關常識，自由嘗試各種發想。

5 與麵團對話

即使按照食譜製作也會有不順利的時候，此時嘗試看看觸摸麵團，麵團會向你傳達出「還在發酵中」、「就是現在」等訊息。

6 美麗的圓形通往一切

捏成美麗的圓形能讓麵團產生好的二氧化碳，也更容易整形，最後就能烤焙出又美又好吃的麵包。

7 安排時間表

從揉麵團到烤焙，事前安排好每道工序的時間表，不只心情上會有餘裕，也能仔細的作業。

製作麵包　材料的基礎知識

●小麥粉

1. 麵粉的種類

根據用途分類……有高筋麵粉、中高筋麵粉、中筋麵粉、低筋麵粉，這是按照麵粉中含有的蛋白質的質量所做的區分。

根據等級分類……有特精粉、特一粉、特二粉、標準粉、普通粉，這是以麵粉中含有的灰份量所做的區分。

2. 麵包用麵粉

做麵包時，一般是使用高筋麵粉和中高筋麵粉。

對麵粉加水和施力都會產生麩質。

輕揉的話麩質含量會減少，彈性下降，揉過頭的話部分麩質結構會被破壞，造成麵團軟化。

●油脂

1. 油脂的任務

增加麵包的份量。

提升麵團的延展性。

讓麵包的口感更柔軟好吃，延遲麵包的硬化。

2. 油脂的使用量

根據麵包種類的不同，約在4～10%，多的時候在15～25%。

3. 油脂的使用方法

不需融化。

●加水

1. 加水的任務

當作使用材料的溶劑。

形成麩質的要素。

調整麵團的溫度。

調整麵團的柔軟度。

2. 適合麵包的水

弱酸性的水（ph5～6）最適合，但一般使用自來水。

3. 加水的使用量

做麵包時，若麵粉為100，水的比例為60～70%，但根據麵粉的種類、濕度和副材料的不同，會有極大差異。

4. 算出加水溫度的方法

（40℃±5℃）－ 粉溫（麵粉的溫度）=加水的溫度。

如果室溫在22～26℃左右，就以40℃減去粉溫。室溫比這個溫度高時，就用40℃－5℃，比這個溫度低時，就用40℃＋5℃。粉溫指的是麵粉的溫度，也就是保存在室內時的室溫，保存在冰箱和地下室時，則要測量保存地點的溫度。

舉例／當麵粉置於室內時

室溫30℃時

（40℃－5℃）－30℃＝5℃

室溫20℃時

（40℃＋5℃）－20℃＝25℃

室溫15℃時

（40℃＋5℃）－15℃＝30℃

室溫25℃時

40℃－25℃＝15℃

●鹽

1. 鹽的任務

適度調整酵母菌的發酵。

防止雜菌繁殖。

緊實麩質，提高麵包的蓬鬆感。

配合其他材料，襯托出麵包的風味。

2. 鹽的使用量

吐司為1.7～2.2%，甜麵包為1～1.8%。

●酵母菌

1. 酵母菌的任務

分解糖類，產生二氧化碳和酒精。

因為有各種酵素，會產生酸、酒精和芳香物質，提升味道和風味。

2. 酵母菌的使用量

乾酵母為1.5～3%，新鮮酵母為4～6%，此外配合材料決定份量。

3. 所謂好的酵母

活性強。

沒有惡臭，有淡淡的果實臭味。

可以長期保存。

不用預備發酵。

4. 酵母的活動與溫度的關係

4℃——活動停止。

12℃——活動顯著減弱。

27～30℃——活潑。

45℃——活動顯著減弱。

60℃以上——死亡。

5. 酵母菌的使用方法

和麵粉充分攪拌後使用。

●砂糖

1. 砂糖的任務

酵母菌發酵的營養來源。

讓麵包具有甜味。

讓麵包柔軟,延遲硬化。

讓麵包外表充滿色澤和香氣。

2. 砂糖的使用量

砂糖的份量要和讓麵包發酵的酵母菌的份
量一樣,但是使用的砂糖若超過麵粉的
10%,會妨礙酵母菌的活動。

一般來說,吐司的話砂糖為麵粉的4~
6%,甜麵包為5~10%,但也有的麵包使
用10~25%。

3. 砂糖的種類

一般多使用上白糖。也有的使用細砂糖、
洗雙糖、三溫糖。

●乳製品

1. 乳製品的任務

提高營養價值。

提升味道和香氣。

讓麵包外表充滿色澤,內部變得柔軟。

2. 乳製品的種類

牛奶、乳酪。

●蛋

1. 蛋的任務

提升味道、香氣和外觀,讓內部變得柔
軟。

提高營養價值,延遲硬化。

增加麵包份量。

2. 使用蛋時的注意事項

因為蛋會抑制酵母菌發酵,所以使用時必
須注意。特別是蛋白會讓麵包表皮變硬,
需特別注意。

本書使用的粉類。製作
甜點用的低筋麵粉、高
筋麵粉、特高筋麵粉、
中高筋麵粉。法國出產
的蓋朗德天然鹽。種子
島的粗糖(洗雙糖)。

製作麵包的道具。揉麵
墊、擀麵棍、切刀、分
割秤重時必要的電子
秤、量尺、量杯,油溫
計是為了測量麵團溫度
的必需品。雖然照片上
沒有,但如果有製作麵
團專用的揉麵機也相當
方便。

基本麵包的作法──其1

基礎麵團

方塊麵包

| 材料 7.5cm方形吐司模具5個份 |

高筋麵粉──300g（100%）
　高筋麵粉50%
　特高筋麵粉50%
乾酵母──6g（2%）
砂糖──15g（5%）
鹽──5.1g（1.7%）
水──189cc（63%）
奶油──21g（7%）

| 作法 |

1　揉麵──20分鐘
2　第一次發酵──40分鐘
3　分割・滾圓──100g，5個
4　中間發酵──20分鐘
5　整形
6　最後發酵──35℃的發酵器具，約40分鐘（麵團最好膨脹至距離模型口1.5cm的位置）
7　烤焙──190℃，17分鐘

| 重點 |

●揉好的麵團溫度為27℃。

1

揉麵（手工揉麵的場合）　在碗中加入高筋麵粉、酵母、砂糖，仔細攪拌。

2

將鹽慢慢撒入。

3

將水慢慢倒入，用鏟子攪拌後，用手將麵團集中，集中成一塊後，加入奶油。

4

拿出麵團，用手掌上下拉扯麵團，用手揉捏20分鐘。

1～4可以使用揉麵機

5

揉好的麵團。確認溫度為27℃。

6

第一次發酵　將麵團放回碗中，覆蓋上保鮮膜，讓麵團發酵（40分鐘）。常溫為27℃的環境最佳。

7

40分鐘後，碗中的麵團膨脹的樣子。

8

手指沾麵粉插入麵團中，如果麵團沒有回復就是發酵完成（手指測試）。

9

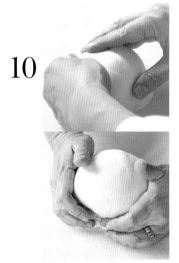

分割・滾圓 將麵團從碗中取出,放在揉麵墊上,用切刀分成5等分。

10

將分割的麵團捏圓。從麵團外側向中心翻折,麵團會逐漸變圓。用雙手來回滾動麵團,使之緊實變圓。

11

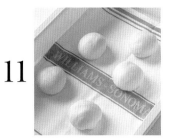

中間發酵 在麵包箱中鋪上布巾,讓麵團休息,蓋上蓋子(20分鐘)。

12

整形 將麵團移到揉麵墊上,將中間發酵後的麵團表面朝下,用雙手將氣體排出。

13

用擀麵棍從麵團中央向下擀,再從中央向上擀,將麵團旋轉90度,重複同樣的動作。

14

找出麵團的中心點,朝向中心點將麵團折小三角形。

15

用手掌一邊將氣體擠出，一邊將三角形壓平，然後反覆朝向中心點折三角形（球狀整形）。

16

收口朝下，將麵團整圓直到表面平滑為止。

17

在迷你四方形模具上噴上油。

18

麵團的收口朝下，放入迷你四方形模具中。

19

最後發酵　放入發酵器具中，35℃，濕度85%，開始最後發酵。

20

當麵團膨脹至模具的8～9分滿時，即是判斷發酵完成的指標。

21

烤焙　放入190℃的烤箱烤17分鐘。

基礎麵團

麵團的特徵

●麵粉為高筋麵粉與特高筋麵粉混合,副材料有乾酵母、砂糖、鹽、水和油脂。

●揉好的麵團溫度在27℃,用加水的溫度調整是重點。

●基礎麵團在烤焙時即是滾圓‧整形的造型,較易成形。

●材料相對好入手,經常用在做主食麵包。

●因為材料單純,所以在第一次發酵後,若滾圓、整形時沒有好好將氣體排出,會造成麵包的孔隙粗大,鬆軟無彈性。

INDEX

本書中用基礎麵團製作的麵包

★…難易度　P為做法的頁數

衍生麵包

基本麵包的作法—其2

布里歐修麵團

Paris布里歐修

| 材料 圓筒形鋼網模具1個份 |
高筋麵粉—300g（100%）
　高筋麵粉50%
　特高筋麵粉50%
乾酵母—6g（2%）
砂糖—45g（15%）
鹽—3g（1%）
奶油—60g（20%）
全蛋—45g（15%）
水—120cc（40%）
＊按照喜好加入蘭姆酒9cc（3%）。

| 製法 |
1 揉麵—20分鐘
2 第一次發酵—40分鐘
3 分割‧滾圓—不用分割，滾圓
4 中間發酵—20分鐘
5 整形
6 最後發酵—35℃的發酵器具，20～30分鐘
7 烤焙—190℃，15～30分鐘（會依麵包形狀和分割大小變化）

| 重點 |
●揉好的麵團溫度為27～28℃。

1 **揉麵**（使用揉麵機的場合）　在揉麵機的碗中放入高筋麵粉、乾酵母、砂糖，開始攪拌後加入鹽巴。

2 調整加水的溫度，像畫螺旋一樣，將水從中心向外側倒入。

3 加入蛋，當麵粉成團狀時，將放軟的奶油倒入，開始揉麵。確認揉好的麵團溫度在27～28℃。

4 **第一次發酵**　蓋上蓋子，於常溫（24～27℃）靜置40分鐘。使用揉麵機的話，若室溫超過24℃，要將揉麵碗從機器卸除，因為馬達的餘熱會提高麵團的溫度，所以夏天時必須特別注意。

5 **滾圓**　第一次發酵結束後，將麵團放到揉麵墊上，揉成一圓球，向外對折。

6 將**5**的收口直放，向外對折。

7

伸展麵團,一邊90度旋轉,一邊捏圓。

8

中間發酵 在麵包箱中鋪上布巾,讓麵團休息,蓋上蓋子(20分鐘)。照片為中間發酵結束後的麵團。

9

整形 將麵團移到揉麵墊上,將中間發酵後的麵團表面朝下,用雙手將氣體排出。

10

用擀麵棍從麵團中央向下擀,再從中央向上擀,往四個角斜45度擀,擀出長方形(20×35cm)。

11

將麵團往下伸展,然後捲成圓柱形。

12

用指尖將捲好的麵團收口捏緊。

13

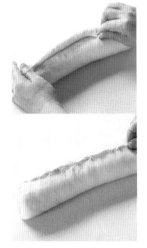

在圓筒形鋼網模具上噴油,放入麵團。

14 **最後發酵** 將模具蓋上蓋子,放入發酵器具中,35℃,濕度85%,開始發酵。麵團膨脹至鎖扣以上時即是發酵完成。

15 **烤焙** 放入190℃的烤箱烤25分鐘。

布里歐修麵團

麵團的特徵

●使用的高筋麵粉基本為混合特高筋麵粉、高筋麵粉各50%。

●需考慮模具的形狀和因受氣溫影響的膨脹大小，來改變配合的比例。

●副材料有酵母、砂糖、鹽、水和蛋。根據食譜的不同，牛奶、作為油脂的無鹽奶油、砂糖的烘焙百分比較高是其特徵。

●揉好的麵團需配合27～29℃的溫度是重點。

●雖然揉捏濕潤的麵團比較輕鬆，但如果外在氣溫變低，發酵就會很花時間，難以判斷最後發酵的時間點。如果沒有正確判斷放在模具（例如圓筒模型）裡的麵包是否完成發酵，烤焙的麵包形狀就會不佳。反之，如果外在氣溫變高，整形時氣體無法好好排出，麵包的孔隙就會變得粗大。

INDEX

本書中用布里歐修麵團製作的麵包

★…難易度　　P為做法的頁數

高水量
鄉村麵團

鄉村麵包

| 材料 使用內徑22cm，附有發酵布的發酵籃 |

高筋麵粉─400g（100%）
　中高筋麵粉 82.5%
　高筋麵粉17.5%
洗雙糖─12g（3%）
鹽─8g（2%）
生種─24g（6%）
　星野天然酵母
水─280cc（7%）
乾酵母─1.5g（0.37%）

| 製法 |

1　揉麵─6分鐘
2　第一次發酵─20℃ 4小時，冰箱冷藏3小時
3　分割‧滾圓─不用分割，滾圓
4　最後發酵─33℃的發酵器具，40～60分鐘
5　整形
6　烤焙─250℃ 8分鐘，220℃ 15分鐘
　烤箱先用250℃預熱，形成蒸氣

| 重點 |

● 除非必要不要觸摸麵團。

1 **揉麵**（使用揉麵機的場合）　在揉麵機的碗中放入高筋麵粉、乾酵母、洗雙糖、生種。

2 仔細攪拌揉麵碗，打開攪拌機後加入鹽。

3 調整加水的溫度，像畫圓圈般倒入水。

4 第一次發酵　將揉好的麵團（**a**）放入塑膠袋中（**b**），20℃ 4小時，然後再放到冰箱3小時，進行第一次發酵。照片為發酵後的麵團（**c**）。

5 將麵粉撒在鋪了發酵布的發酵籃，同時也在砧板上撒上大量的麵粉。

6 滾圓　第一次發酵結束後,將麵團放到砧板上,揉一圓球。由於麵團是濕黏的狀態,所以訣竅是沾麵粉快速地捏圓,除非必要,手不要碰觸到麵團。

7

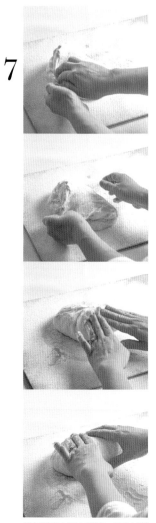

將麵團從右到左對折,再向外對折,反覆翻折。

8

將麵粉撒在滾圓的麵團上,放進發酵籃,用手掌壓實麵團。

9

最後發酵　將發酵籃放進發酵器具(**a**),33℃,無濕氣,發酵40～60分鐘。(**b**)為發酵完成的樣子(麵團會膨脹至發酵籃的八分滿)。

10

整形　發酵籃倒放,將麵團放回鋪了烘焙紙的砧板上(因為水分多,當發酵布黏在麵團上時,訣竅為一邊慢慢地將布撕開,一邊將麵團取出)。

11

用割紋刀劃出3道花紋(注意不要讓麵團繃開)。

12 烘焙　250℃烤8分鐘,220℃烤15分鐘。蒸氣烘烤。

用staub鍋烤焙
高水量鄉村麵包

使用staub cocotte oval（橢圓鑄鐵鍋）23cm
材料使用量和P.15使用發酵籃時一樣

準備　使用烘焙紙，計算鍋子的深度，折出放射狀折痕，鋪在鍋子中。

揉麵、第一次發酵　根據P.15的**1～4**步驟，將完成第一次發酵的麵團倒入**1**的staub鍋。不需要分割・滾圓。

最後發酵　放進發酵器具（**a**），33℃，無濕氣，發酵40～60分鐘。（**b**）為發酵完成的樣子（麵團會膨脹至staub鍋的8分滿）。

整形　將麵粉撒在**3**的麵團上，在橢圓形中間劃出1道花紋，再劃出葉脈的花紋（用廚房剪刀相當方便）。

烤焙　250℃烤8分鐘，220℃烤15分鐘。蒸氣烘烤。

高水量鄉村麵團

麵團的特徵

●使用微量的乾酵母和生種，麵粉以中高筋麵粉為主，也會使用高筋麵粉。砂糖是洗雙糖，鹽使用蓋朗德鹽，沒有使用油脂。

●配合常溫發酵和冷藏發酵，讓麵團緩慢發酵是其重點。

●因為水的百分比很高，光是用手觸摸麵團就會變得濕黏，所以製作時除非必要不要用手觸摸麵團。

●較難判斷發酵的時機和烤焙的溫度。多嘗試幾次，找出麵團發酵最適合的時機以及最適合的烤箱溫度。

INDEX

本書中用鄉村麵團製作的麵包

★…難易度　P為做法的頁數

column ||||||||||||||||||||||||||||||||||||||||||||||||||||||||||||

星野天然酵母的醒發方式

使用專門的發酵器具（**a**），將星野天然酵母的麵包種50g放入發酵器具的內容器中，加入份量為麵包種2倍的100cc、30℃的溫水（**b**）。仔細攪拌後，設定好發酵器具打開開關（**c**）。在容器中發酵27小時（容器內保持27℃），完成的狀態為（**d**）。冰在冰箱1天後即可使用。

冰在冰箱可保存10天。此外，天然酵母快用完時，可以拿來做司康或格子鬆餅。做司康或格子鬆餅時，即使天然酵母較少或放得較久都沒有關係。

Chapter 1

四季的麵包派對
身為主角的麵包與料理

Spring

主角是麵包的下午茶

我們家餐廳的傢俱、牆壁、照明的燈罩都統一是白色的，
整日有柔和的陽光照進，麵包教室也一直開在這裡。
我和大家一起從麵包第一次發酵後實作，
但從麵團滾圓、中間發酵、整形後的最後發酵，
到等待麵包烤焙完成，卻意外地相當花時間，
因此我的風格是連同要招待的其他料理一起準備，
在此教導大家結合麵包和料理的統一流程。
春天就是要來場充滿全白器具的下午茶，
藏有三明治的驚喜麵包是今日的主角。

Lovely Bread For An Afternoon Tea Party

春色螺旋麵包

一般像這類用圓筒形鋼網模具烤焙而成的
形狀，多半是用口感豐富的布里歐修麵團
做成的，像是P.12介紹的Paris布里歐修，
但是這麵包使用的卻是基礎麵團，而且是
用雙色麵團編織而成。一邊是用魁蒿麵團
包著白豆，另一邊是用白麵團包著紅豆，
享受兩種麵團的和弦樂，像太極圖般的切
面也形成有趣的視覺效果，這是屬於日式
口味的甜麵包。

作法P.30

驚喜麵包

用基礎麵團烤焙而成的大巨蛋型麵包，將
中間挖空，並放進用挖空的麵包作成的三
明治。雖然也有的飯店會提供這類放在麵
包裡的派對三明治當作特別訂製的商品，
但他們是使用鄉村麵團，而這種蓬鬆且濕
潤的麵包口感則是我所獨創的。烤焙大型
麵包時，揉好的麵團會容易膨脹成圓形，
所以這是難度比較高的作法，但是一想到
把蓋子掀開時客人們的歡呼聲，就希望大
家都能來試著挑戰看看這種手作麵包。

作法P.28

Menu

驚喜麵包

火腿・起司・羅勒

煙燻鮭魚・紅葉萵苣

春色螺旋麵包

天然酵母甜司康＆鹹司康

醃泡紫甘藍

檸檬果凍

彩色費南雪

桑格利亞水果茶

說到下午茶，果然就需要三層點心盤。第一層和第二層擺放添加了番茄乾、培根、奧勒岡葉和起司的鹽味司康，再撒上從庭院採摘的藥用鼠尾草，最上層則擺放水果。

用天然酵母做成的甜司康，濕潤鬆軟的口感，搭配德文郡奶油和玫瑰果醬就是純正的英式司康。

要為餐桌添色的時候，管狀含有氣泡的小玻璃杯十分方便。能放入醃泡的紫甘藍，也可放入蔬菜冷湯，都十分美麗。

含有果泥和抹茶、色彩豐富的甜點雖然是客人帶來的禮物，但這種類似手拿食物的飯後甜點是一大寶貝，再將花瓣撒在上面。

檸檬果凍。能感受到清爽蜂蜜和檸檬的飲品，雖然作法簡單，但搭配麵包十分合適。

我所喜愛的條紋圖樣的小茶杯。因為今天的紅茶是冷桑格利亞水果茶，所以我在邊桌另外準備了濃縮咖啡，讓最後想喝咖啡的客人飲用。

天然酵母
甜司康

| 材料 7個份 |

A
低筋麵粉 — 300g
細砂糖 — 15g
鹽 — 1g
無鹽奶油 — 90g（切1cm塊狀）
生種（星野天然酵母）— 24g

B
蛋 — 30g
牛奶 — 45cc

蛋液 — 適量

| 作法 |

1 將A加入食物調理機混合攪拌，全部變成粉末狀後加入B。

2 將1倒出，延展成厚3cm的麵團，整成5×25cm的長方形。

3 將麵團放進塑膠袋，冰在冰箱發酵2天。

4 將3的麵團用5cm的菊形模具壓模，在表面塗上蛋液，用190℃烤焙20分鐘。

＊麵團壓模時，先用5cm的菊形模具壓出5個，再整理剩下的麵團，壓出2個。

天然酵母
鹹司康

| 材料 20個份 |

A
低筋麵粉 — 300g
奶油 — 80g（切1cm塊狀）
生種（星野天然酵母）— 24g
蛋 — 50g

B
優格 — 40g
牛奶 — 15cc
鹽 — 2g

內餡
番茄乾 — 30g（切碎）
培根 — 3片（切碎）
奧勒岡葉 — 1小匙
黑胡椒 — 1大匙
帕馬森乾酪（粉）— 4大匙

蛋液 — 適量

| 作法 |

1 將A加入食物調理機混合攪拌，全部變成粉末狀後加入B。

2 將1倒入碗中，加入內餡，均勻混合，整成厚2cm的麵團。

3 將麵團放進塑膠袋，冰在冰箱發酵2天。

4 將3的麵團切成2×3cm，塗上蛋液，用190℃烤焙13分鐘。

醃泡紫甘藍

| 材料 4人份 |
紫甘藍―1/4個
白巴薩米克醋―4大匙
法式沙拉醬（市售）―2大匙
菊苣―適量
鹽―少許

| 作法 |
1 將紫甘藍切絲，撒上鹽後靜置5分鐘。將水分擰乾，放進碗中，淋上白巴薩米克醋、法式沙拉醬調味。
2 冰在冰箱至少2小時，盛到玻璃杯中，加上菊苣。

檸檬果凍

| 材料 4人份 |
吉利丁片―1.5g×2片
檸檬―1顆
水―1杯
細砂糖―1/2杯
蜂蜜檸檬汁
| 蜂蜜―1～2大匙
| 檸檬汁―1又1/2大匙
| 水―2大匙

| 作法 |
1 在碗中加入大量的水（份量外），一次放入1片吉利丁，浸泡10分鐘直到變軟為止。
2 將檸檬皮黃色的部分薄切，和1杯水一起倒入鍋中，轉中小火，檸檬果則榨成果汁。
3 煮滾後轉小火，加入細砂糖，壓碎果皮讓果皮減少、散發香氣，煮7～8分鐘直到砂糖溶解為止，取出果皮（如果煮過頭會有苦味）。
4 將2的檸檬汁和1的吉利丁倒入3溶解，不要煮到沸騰，關火後冷卻一會。
5 倒入容器中，冰在冰箱2～3小時冷卻凝固。
6 將蜂蜜檸檬汁倒在5上。

桑格利亞
水果茶

| 材料 4人份 |
茶葉（THE O DOR的MELANGE DU JARDIN DE MAMAN）―10g
熱水―400cc
冰塊―200g
水果類
| 蘋果―1顆
| 奇異果―1顆
| 橘子―1顆

| 作法 |
1 將茶葉加到溫過的茶壺中，倒入熱水，蓋上蓋子泡15分鐘。
2 泡茶葉時，將冰塊加到別的茶壺中。
3 將泡好的紅茶倒入2的茶壺中，快速攪拌使之冷卻。
4 過濾冰塊，將紅茶倒入保存容器中，置於常溫。
5 將切好的水果加入4。
6 將冰塊放進玻璃杯，再倒入5。

驚喜麵包

| 材料 1個份 |

高筋麵粉—500g（100%）
　高筋麵粉50%
　特高筋麵粉50%
乾酵母—7.5g（1.5%）
砂糖—35g（7%）
鹽—7.5g（1.5%）
牛奶—170cc（34%）
水—170cc（34%）
無鹽奶油—35g（7%）

| 製法 |

1　揉麵—20分鐘
2　第一次發酵—40分鐘
3　分割‧滾圓—不用分割，滾圓
4　中間發酵—20分鐘
5　整形
6　最後發酵—35℃的發酵器具，約20～30分鐘
7　烤焙—180℃，30分鐘

最後發酵後，用刷子塗上蛋液（全蛋），劃出花紋。

| 重點 |

● 揉好的麵團溫度為27℃。

1
揉麵到中間發酵的過程請參照P.8～10（分割為1等分）。將中間發酵完後的麵團放到揉麵墊上，滾圓。

2
用雙手將麵團的氣體排出，將麵團向前、向後來回拉扯整成圓形，前後8次（若拉扯過度將會傷到麵團，必須注意）。

3
將麵團的背面仔細黏合。

4
將麵團放入圓形模具，用竹籤刺穿表面，排出殘留的氣體。

5
用手壓麵團，確認麵團的氣體都已排出。因為麵團在最後發酵時會膨脹，所以距離模型的四周要留有空間。

6
最後發酵後，在膨脹至模具邊緣的麵團表面用刷子塗上蛋液。

7
劃上花紋，直、橫條各間隔2cm（用割紋刀劃，不要太用力）。

驚喜麵包的切法

1
將完全冷卻的麵包直放，在距離上部5～6cm的地方插進刀子（刀刃越長越好）。

2
將1橫放，刀子像滑過去般切開麵包，將蓋子切下。

3
將切下蓋子的2再度直放，在距離底部2cm厚的地方插進刀子。

4
將3橫放，切下2cm厚的薄片，切除底部。

5
從距離4側邊1.5cm的地方插進刀子，挖出圓形的麵包。

6
切除完成時，麵包會分成上部（蓋子）、底部、側面和中間四個部分。

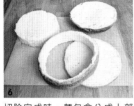

7
將步驟5切下來的圓形麵包分成三等份。

8
將7選轉90度，各切成4薄片。

9
將麵包內部切成12薄片。

完成驚喜麵包

根據內餡不同，左邊分解後的麵包可做成2種三明治。
製作完成後盛到麵包盤上，
再用芝麻菜等喜歡的香草添色。

火腿・起司・羅勒

| 材料 |
起司片—4片
火腿片—4片
羅勒葉—8片
羅勒醬（市售）—適量

| 作法 |
在麵包上塗上羅勒醬，挾起司片、羅勒葉和火腿片，用保鮮膜覆蓋，冰在冰箱20分鐘，再切成喜歡的大小。

煙燻鮭魚・紅葉萵苣

| 材料 |
煙燻鮭魚—6片
萵苣—3片
A 奶油起司—60g
B 芥末美乃滋—60g
（將黃芥末和美乃滋用2:3的比例調和）

| 作法 |
在麵包上塗上A，疊上萵苣和煙燻鮭魚後，塗上B，再夾起來。
用保鮮膜覆蓋，冰在冰箱20分鐘，再切成喜歡的大小。

春色螺旋麵包

| 材料 圓筒形鋼網模具1個 |
高筋麵粉—320g（100%）
　高筋麵粉30%
　特高筋麵粉70%
乾酵母—6.4g（2%）
砂糖—19.2g（6%）
鹽—4.8g（1.5%）
水—208cc（65%）
無鹽奶油—16g（5%）
魁蒿粉—12.8g（4%）
內餡（各適量）
│紅豆
│白豆

| 製法 |
1 揉麵—20分鐘（揉麵結束後，將麵團分成2等分。在其中一塊加入含有2大匙水的魁蒿粉，然後再揉3分鐘）
2 第一次發酵—40分鐘
3 分割·滾圓—分割成280g，2等分
4 中間發酵—20分鐘
5 整形
6 最後發酵—35℃的發酵器具，40分鐘
7 烤焙—200℃，25分鐘

| 整形 |
白麵團包紅豆，魁蒿麵團包白豆。

| 重點 |
● 揉好的麵團溫度為27℃。
● 用擀麵棍將麵團擀成直20×橫25cm。

1
揉麵到中間發酵的過程請參照P.8～10（分割為2等分）。將魁蒿麵團放到揉麵墊上。

2
將表面朝下，用雙手將氣體排出。

3
從麵團中央向下擀，擀到距離下端3cm處停止。

4
將**3**的麵團朝45度的方向擀，製造角形。

5
從另一邊也朝45度的方向擀，製造出另一角。

6
從麵團中央向上擀時，一樣朝45度的方向製造出角形，並讓厚度均等，整成20×30cm的小大。

7
將30cm當作橫邊，麵團上下留2cm當作收口，均勻地塗上白豆餡。

8
從下方2cm處向內對折，注意左右厚度要均等。

9
一邊延展麵團，一邊向內捲，捲的時候厚度要均等。

10
用指尖黏緊收口。

11
將麵團整成長30cm、厚度均勻的條狀。

12

將白麵團的表面朝下，用雙手輕壓排氣。

13

參考魁蒿麵團的延展過程，將白麵團整成20×30cm的大小，然後撒上紅豆。

14

從下方2cm處向內對折，不斷往內捲，注意左右厚度要均等。

15

用指尖黏緊收口。

16

將麵團整成長30cm的條狀。

17

將白麵團和魁蒿麵團擺成X字的形狀。

18

將下方的白麵團疊到魁蒿麵團上，將兩條麵團扭在一塊。

19

將上方白麵團再疊到魁蒿麵團上，將兩條麵團扭在一塊。

20

用手指插入麵團兩端，以不會破壞造型的方式挾住麵團。

21

將麵團放入噴好油的圓筒形鋼網模具中，進行最後發酵。

讓驚喜麵包（P.28）的底部、蓋子、側面變得好吃

時髦安排三明治的麵包盒，
輕鬆又美味的創意。

大人味披薩麵包（使用底部）

在表面塗上薄薄一層顆粒芥末醬，撒上番茄乾適量、百里香2小匙、大蒜片少許、起司（什麼種類都行），用220℃烤焙8分鐘。

洗雙糖蜜糖吐司（使用蓋子）

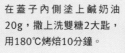

在蓋子內側塗上鹹奶油20g，撒上洗雙糖2大匙，用180℃烤焙10分鐘。

馬卡龍蛋糕（使用側面）

將側面的麵包壓出圓片，塗上鹹奶油，撒上切碎的調溫巧克力，用180℃烤焙5分鐘，淋上蜂蜜。

Early Summer

Enjoy Vegetables In The Italian Style

左／木造露台的通風良好，四周是精心培養的香草和樹木。右／烤肉架在磚瓦堆成的窯上。

充滿蔬菜的義式派對

當隔壁公園的樹木一片綠意盎然時，
通往我家餐廳的小露台就變成了歡迎客人的空間。
前院栽有橄欖樹、葡萄藤和各式各樣的香草，園藝是我喘息放鬆的方式。
我會在這裡和丈夫一起用DIY做成的烤肉架烤披薩，也利用這烤肉架招待客人。
雖然基本上派對是在室內，但加上露台的空間，可以發想出具有開放感的夏天餐桌，
也能讓來的客人歡喜。今日的主題是義式，我想了一份能夠搭配最近我所熱衷的蔬菜麵包的菜單。
在麻葉脈花紋的桌布上擺上黑色餐具，當我逛義大利超市時一眼就被這桌布吸引。
我也使用了新鮮的蔬菜和海鮮料理，嘗試創造出清爽口感。

蔬菜麵包

這種麵包是在整形時包進大量切好的蔬菜，然後放入長型吐司模具中烤焙。食譜是用基礎麵團當作基底，但可能是因為蔬菜擁有的酵素的關係，烤焙完成的麵包擁有驚人的濕潤口感和獨特的甜味，切開時會產生空洞。也可以將這種蔬菜麵包的上面切開，塞入可以生吃的新鮮蔬菜當作沙拉。當客人看見這麵包時會先對它的外表感到好奇，切開後更會引來驚呼。思考這類讓人快樂的麵包，對我來說是最幸福的時光。

作法P.42

蓬鬆佛卡夏

大家知道法國製造的鑄鐵鍋staub很適合做麵包嗎？我有好幾個不同顏色的鑄鐵鍋。將麵團放到鍋子裡，在裡面完成最後發酵，直接放進烤箱中烤焙，成品的形狀會相當完美。雖然佛卡夏使用的是基礎麵團，但若是烤焙高水量類的鄉村麵包時，絕對要用這個鍋子！

插上迷迭香完成這道佛卡夏，享用時搭配橄欖油。

作法P.41

麵包棒
（芝麻、原味）

麵包棒原本是北義的鄉土麵包，現在美味的麵包棒變成是啤酒和洋酒的下酒菜，口感酥脆。不過我的麵團搭配的比較豪華，加入了帕瑪森乳酪和奶油，這次的麵團分成兩個部分，用兩種口味烤焙而成，除了原味外另一個部分是芝麻，烤焙時家人甚至會被香味吸引而來聚集在廚房裡！將麵包棒作為前菜，包著生火腿品嚐也相當不錯。

作法P.40

使用鯛魚的義式水煮魚。將魚類和貝類一起燉煮，會煮出美味的精華，只要將食材準備好很快就能上桌，是愉快的一道菜。

使用當季的魚做成的生魚切片冷盤。今日使用鯛魚，佐以法式沙拉醬當基底，並配合用顆粒芥末醬、檸檬和醬油所調出的少許醬汁。

Menu

麵包棒（芝麻、原味）
蓬鬆佛卡夏
蔬菜麵包

鯛魚冷盤　芥末醬
義式水煮魚
迷迭香串燒
蘋果和胡桃的古岡左拉沙拉
烤綜合蔬菜

起司是和麵包百搭的食材。雖然我經常做起司沙拉，
但這道沙拉是古岡左拉乳酪搭配蘋果、菊苣和胡桃，
可說是黃金的組合。

烤綜合蔬菜似乎是再簡單不
過的一道菜，但我認為吃到
真正美味的蔬菜時是最棒的
享受。我家附近有專門栽培
外國蔬菜的農園「Kire
do」，好幾次麵包教室的
「農田與蔬菜料理之宴會」
都是使用從他們家摘採來的
蔬菜，與這些蔬菜的相遇也
是我開始思考蔬菜麵包的契
機。對我來說，各種季節的
蔬菜已經是生活不可或缺的
一部分了。

鯛魚冷盤
芥末醬

| 材料 4人份 |

鯛魚（生魚片用塊狀）— 半片
西洋芹 — 5cm
紅蘿蔔 — 適量
蔥 — 適量（切段）
芽蔥 — 適量
芥末醬
　法式沙拉醬 — 8大匙
　檸檬汁 — 2小匙
　醬油 — 2小匙
　顆粒芥末醬 — 1/2大匙
　鹽、胡椒、檸檬汁 — 各少許

| 作法 |

1 將西洋芹、紅蘿蔔切成長條的細絲，浸在冰水中讓口感清脆。
2 切鯛魚時將菜刀橫放用刀刃移動，盡可能地薄切。
3 將 **2** 並排在冰過的器皿上，淋上少量的芥末醬，用湯匙的背面抹上薄薄一層。
4 擺上瀝乾的 **1**，用鹽、胡椒和檸檬汁調味，撒上芽蔥和蔥。

義式水煮魚

| 材料 4人份 |

鯛魚 — 一隻
淡菜 — 8個
蛤蜊 — 4個
長槍烏賊 — 2隻
EV橄欖油 — 3大匙
辣椒 — 2小根（去籽）
大蒜 — 2片（搗碎）
白酒 — 70cc
酸豆 — 1大匙
黑橄欖 — 12顆
番茄 — 8顆（對半切）
義大利巴西里 — 適量（切碎）
鹽、黑胡椒 — 各適量

| 作法 |

1 去除鯛魚內臟，瀝乾水分。切開背部兩側，在腹中和表面撒上鹽和黑胡椒各少許。
2 仔細清洗淡菜和蛤蜊，去除長槍烏賊的腸泥，切3cm。
3 在較淺的鍋子加熱橄欖油，煎 **1** 的表面，加入大蒜和辣椒。
4 當鯛魚表面煎成焦色時翻面，加入淡菜、蛤蜊和長槍烏賊。倒入白酒、酸豆、黑橄欖、番茄和義大利巴西里，撒上鹽和黑胡椒各少許。
5 煮滾後蓋上鍋蓋轉中火，當貝類開口時，打開鍋蓋一邊淋上湯汁一邊煮以調味。
6 將海鮮盛到器皿上，繼續熬煮剩餘的湯汁，煮滾後加入橄欖油適量（份量外），用來當作沾醬，再撒上巴西里（份量外）。

迷迭香串燒

| 材料 4人份 |
蝦子（黑虎蝦）─4尾
豬里肌─1片
櫛瓜─1條
甜椒（紅）─1顆
甜椒（黃）─1顆
迷迭香（新鮮）─4枝
大蒜─少許（蒜泥）
鹽、胡椒─各少許
EV橄欖油─適量
檸檬、顆粒芥末醬─各適量

| 作法 |
1　剝除黑虎蝦的殼，去除腸泥。
2　將豬里肌肉切3cm，塗上蒜泥、鹽和胡椒。
3　櫛瓜切3cm，甜椒去籽，切成4cm塊狀。
4　迷迭香留下葉尖，下面的葉子折成一束。將 1 和 3 交互插在烤肉串上，最上面插上迷迭香的枝葉。
5　將橄欖油塗在烤肉架上，燒烤食材。當肉呈現焦色時，輕撒上鹽和胡椒。
6　可佐檸檬和顆粒芥末醬。（若有的話可添加BALSAMIX*）
＊為巴薩米克醋的加工品，作為沾醬使用相當方便。

蘋果和胡桃的古岡左拉沙拉

| 材料 4人份 |
古岡左拉（起司）─80g
蘋果─1顆
菊苣─8片
胡桃─4個
EV橄欖油─2大匙
鹽、胡椒─各少許
檸檬汁─適量
白酒醋─少許
義大利巴西里─3小匙（切碎）

| 作法 |
1　去除蘋果核，帶皮削成薄片，再切成適合入口的大小，為了不易變色，塗上少許檸檬汁。
2　胡桃炒過後切碎。
3　在碗中加入 1 和 2，倒入橄欖油、鹽、胡椒、檸檬汁和白酒醋調味。加入切碎的古岡左拉和義大利巴西里。
4　將菊苣擺在器皿中，放上 3。

烤綜合蔬菜

| 材料 4人份 |
蔬菜
| 島蘿蔔─1根
| Hitomi紅蘿蔔（ひとみ人参）─1根
| 洋蔥─1顆
| 芥蘭頭─1顆
| 甜菜─1顆
EV橄欖油─適量
鹽─適量

| 作法 |
1　在烤盤上鋪上烘焙紙，擺放蔬菜，淋上橄欖油。烤箱以220℃預熱，烤30分鐘。
2　烤好後，將洋蔥剝皮，切成適合入口的大小，也將其他蔬菜切開，盛到盤子上，撒上鹽巴。

麵包棒
（芝麻、原味）

| 材料 20～30條 |

高筋麵粉 — 300g（100%）
　　高筋麵粉
乾酵母 — 6g（2%）
砂糖 — 15g（5%）
鹽 — 6g（2%）
無鹽奶油 — 15g（5%）
帕馬森乳酪 — 30g（10%）
水 — 198cc（66%）

加入芝麻的場合 — 芝麻100g
（在揉麵結束前5分鐘加到麵團裡）

| 製法 |

1　揉麵 — 15分鐘
2　第一次發酵 — 不用
3　分割・滾圓 — 不用分割，滾圓
4　中間發酵 — 20～25分鐘
5　整形
6　最後發酵 — 不用
7　烤焙 — 180℃，5～8分鐘

| 重點 |

● 揉好的麵團溫度為27℃。

用雙手將滾圓的麵團輕輕壓平後，用
擀麵棒延展成20×30cm，在每隔
1cm處做一個記號，用披薩刀切出
1×20cm的長條。用雙手將切出的麵
團斜滾，延展整成長35cm。

蓬鬆佛卡夏

| 材料 staub cocotte round（圓形鑄鐵鍋）20cm |
高筋麵粉 — 300g（100%）
　高筋麵粉 50%　特高筋麵粉 50%
砂糖 — 15g（5%）
鹽 — 6g（2%）
乾酵母 — 4.8g（1.6%）
水 — 195cc（65%）

配料
EV橄欖油 — 最後發酵後，2大匙
岩鹽 — 最後發酵後，少許
黑胡椒 — 最後發酵後，少許
迷迭香（新鮮）— 適量

| 製法 |
1 揉麵 — 20分鐘
2 第一次發酵 — 40分鐘
3 分割・滾圓 — 不用分割，滾圓
4 中間發酵 — 20分鐘
5 整形 — 不用
6 最後發酵 — 35℃的發酵器具，20～30分鐘
7 烤焙 — 190℃，25分鐘

| 重點 |
● 揉好的麵團溫度為27℃。

完成中間發酵後，將圓形麵團
用雙手滾圓，將氣體排出，整
成美麗的圓形。
在staub鍋中鋪上烘焙紙，放入
麵團，進入最後發酵。用手指
沾著麵粉，在完成最後發酵的
麵團上用手指戳出孔洞，倒入
橄欖油，撒上岩鹽、黑胡椒和
迷迭香。

蔬菜麵包

| 材料 長型吐司模具1個份 |
高筋麵粉—200g（100%）
　高筋麵粉 30%
　特高筋麵粉 70%
乾酵母—4g（2%）
砂糖—16g（8%）
鹽—3g（1.5%）
水—120cc（60%）
無鹽奶油—20g（10%）
內餡（蔬菜切丁）—100g
配料（帕馬森乳酪）—適量

| 製法 |

1　揉麵—20分鐘
2　第一次發酵—40分鐘
3　分割・滾圓—不用分割，滾圓
4　中間發酵—15分鐘
5　整形—瑞士卷狀
6　最後發酵—35℃的發酵器具，25分鐘
7　烤焙—190℃，20分鐘

| 重點 |

● 內餡使用洋蔥、胡蘿蔔、甜椒等蔬菜丁。
● 揉好的麵團溫度為27℃。

1
揉麵到中間發酵的過程請參照P.8～10（分割為1等分）。中間發酵後將麵團放到揉麵墊上。

2
下壓麵團表面，用雙手輕輕將氣體排出。

3
從麵團中央向下擀，擀到距離下端3cm處停止。

4
用擀麵棍45度斜擀下端3cm厚度的麵團，製造角形。

5
從麵團中央向上擀，擀到距離上端3cm處停止。

6
用擀麵棍45度斜擀製造角形，另一角也一樣。

7
延展成20×20cm大的麵團。

8
在**7**的麵團上撒上切丁的蔬菜，麵團上下預留3cm當作收口。

9

從下方將麵團往上捲。

10

盡可能捲的時候厚度相同。

11

捲完後用手輕輕地將角拉出。

蔬菜麵包完工

撒上帕馬森乳酪烤焙，烤完後冷卻，切開表面，用蔬菜裝飾。準備多種可以生吃的蔬菜和香草，多在色彩上下工夫，讓麵包不要看起來是平面的。

12

捲到將蔬菜全部包覆住，留下收口。

14

將麵團的長度整成模具的長度，放入噴好油的模具中。

13

將收口朝上，緊緊捏實。

15

放在模具中進行最後發酵，之後烤焙。

Midsummer

用優雅的舊殖民時代風格妝點越南料理

梅雨將盡的盛夏時節，我嘗試準備了以越南料理為主的菜單，

配上舊殖民時代風格的餐桌。

桌巾是鮭魚粉配上藍水玉的爪哇印花布，十分美麗，

這個布是夢幻古董，看了一眼就會愛上。

器皿的部分也盡量清爽，我使用了涼爽的藍色玻璃器皿，配上深淺紫色的淺盤，和桌巾也很搭。

越南曾是法國的屬地，留有獨特的麵包文化，

我除了重現越南三明治外，也準備了辣捲餅、生春捲等。

異國情調非常適合消暑。

左頁／將越南三明治放在附有亞洲蚊帳的蒸籠裡，充滿舊殖民時代的風情。
上／新潟的深淺藍色玻璃器皿在中西餐都可以使用。因為我想要表現出透明感，所以在底下墊了淺盤，中間夾著羊齒狀的葉子。筷子的材質乍看之下是鉛玻璃，但其實是壓克力。

French Influences On Vietnamese Taste

辣捲餅

添有薑黃和紅甜椒粉的餅皮顏色較深，口味勁辣。內餡充滿馬鈴薯泥、炒牛絞肉、紫苜蓿、紫甘藍等，用防油紙將內餡包起來，捲成糖果狀切段。就像圖片所示，辣捲餅的斷面色彩繽紛，是適合派對的食物。將食材用薄薄的墨西哥薄餅包住，就像是墨西哥捲餅的亞洲版。我選擇了時尚的防油紙，在Buffet派對出現時，辣捲餅就是一道會受客人喜愛的三明治。

作法P.54

越南三明治

越南三明治（Bánh mì）本意為麵包，後來變成指用小小的法國麵包挾著餡料的三明治。越南三明治使用的麵包外表就像是「法國麵包」，但是和皮很硬的法國麵包不同，雖然這種麵包的外皮也很脆，但口感更輕盈，所以我也嘗試烘培出這種柔軟版的法國長棍麵包。大家熟知越南三明治通常內餡會有豬肝醬，肉醬等等，但這裡我使用炸白肉魚和醋拌沙拉（用甜醋醃漬白蘿蔔或紅蘿蔔），並隨喜好加進大量香菜。

作法P.52

Menu

越南三明治
軟法麵包、炸魚、
越式醋拌沙拉

辣捲餅

蝦子和豬肉的越式沙拉
生春捲
檸檬草蒸蛤蜊
炸魚餅佐小黃瓜醬
越式鳳梨冰沙

充滿越南食材的沙拉，沙拉醬又甜又辣，香菜是功臣。越南魚露的香味散發著異國情調。

製作生春捲時最重要的是透明感，拖長的青蔥也是重點，這是越南學生教我的道地作法。

室內裝飾品也要很清爽的盛夏。架上的玻璃花器也用藍色統一，並用銀色的飾品裝飾。

左上／將貝類和檸檬草一起蒸熟，散發出清爽的亞洲風味。醬料碟裝有萊姆和胡椒鹽，玻璃碗中則是魚露沾醬，讓客人自行選擇喜歡的味道。

左下／越南三明治配上炸魚餅佐小黃瓜醬。用附有蚊帳的蒸籠取代一個個的小碟子，亞洲風雜貨能營造出氣氛。

右下／越南夜市的風味，水果冰沙「Sinh Tố」。我準備了口感綿密的鳳梨冰沙當作飯後果汁，煉乳與牛奶的調配比例是重點。

蝦子和豬肉的越式沙拉

| 材料 4人份 |
蝦子—12尾
豬腿肉（塊狀）—130g
小黃瓜—1條
紅蘿蔔—1/4條
砂糖、醋—各1大匙
紫洋蔥—1/4顆
西洋芹—1/2條
沙拉醬
砂糖—1/8杯
大蒜—1瓣
辣椒—1條
越南魚露、萊姆汁—各25cc

| 作法 |
1 水煮豬腿肉塊，變色後熄火，連同湯汁一起冷卻，冷卻後切薄片。
2 去蝦殼，將蝦子煮熟。
3 將小黃瓜對半直切，去籽，用刨刀薄切。紅蘿蔔切絲，在碗中加入砂糖、醋，搓揉食材。
4 將紫洋蔥、西洋芹切薄片，浸在水中。
5 將沙拉醬的材料放到碗中仔細攪拌。
6 將**1~4**加到**5**中混合，按照喜好加入花生碎粒、香菜（都份量外）。

生春捲

| 材料 4人份 |
蝦子—6尾
青蔥—4條
冬粉—25g（泡開）
沙拉葉—8片
米紙—4張

| 作法 |
1 將米紙用水稍微沾濕。
2 將蝦子煮熟，去殼，對半橫切。
3 在**1**上面依序放上沙拉葉、冬粉、蝦子，捲起來。
4 在**3**要捲好之際，在米紙的縫隙中挾一條青蔥，讓蔥尖拖長。完成時蝦子要看起來透明漂亮。

檸檬草蒸蛤蜊

| 材料 4人份 |
貝類（蚌蠣、蛤蜊等）—500g（帶殼）
檸檬草（乾燥）—10cm，4條
辣椒—1條
沾醬A
鹽—適量
胡椒—適量
萊姆—1個
沾醬B
辣椒—少許
生薑—一拇指大
砂糖—1大匙
越南魚露—1大匙
萊姆汁—少許

| 作法 |
1 將貝類泡在鹽水（份量外）中吐沙（5小時）。
2 煎沾醬A的鹽，將胡椒與切好的萊姆準備在另一個碟子裡。
3 用菜刀背拍碎沾醬B的辣椒與生薑，放到碗中，與砂糖混合，加入剩餘的材料，混合後放到碟子裡。
4 將檸檬草放到鍋子裡，再放入貝類和辣椒，蓋上鍋蓋，用中火~強火加熱（利用貝類的水分不額外加水）。
5 貝類煮熟後盛到器皿中，另外擺放**2**和**3**。

炸魚餅
佐小黃瓜醬

| 材料 4人份 |

大頭鱈—250g
日本酒—1大匙
鹽—1/2小匙
豬貝油—30g

A
生薑一拇指大（切碎）
大蒜—1瓣（切碎）
檸檬草（乾燥）—10cm
香菜的根和莖—1大匙（切碎）
珠蔥—3條（切碎）
四季豆—5條（切段）
箭葉橙的葉子—2片（用手撕）

B
紅咖哩肉醬（市售）—2小匙
椰奶—2小匙
泰國魚露—1小匙
砂糖、太白粉—各1/2大匙

小黃瓜醬

米醋—70cc
泰國魚露—1大匙
砂糖—1又1/2大匙
水—45cc
芝麻油、生薑—各少許
小黃瓜—1條
洋蔥—1/2顆
辣椒—1條
花生—2大匙

| 作法 |

1 在大頭鱈上撒上日本酒，放置5分鐘，和鹽、豬背油一起放入食物調理機，打成肉末狀。
2 在1加入A以及調味料B，混合攪拌後，放入冰箱冷藏（30分鐘以上）。
3 將2挖一大圓匙，用油（份量外）油炸，用170℃炸正反兩面，炸2遍。
4 攪拌小黃瓜醬，當作3的沾醬。

越式鳳梨冰沙

| 材料 4人份 |

鳳梨—1/2顆
煉乳—30cc
牛奶—200cc
冰—1杯

| 作法 |

1 將所有材料放入果汁機攪拌。

越南三明治用軟法麵包

| 材料 6條份 |
高筋麵粉—500g（100%）
　中高筋麵粉
洗雙糖—10g（2%）
鹽—10g（2%）
生種—30g（6%）
　星野天然酵母
乾酵母—4g（0.8%）
水—270cc（54%）

| 製法 |
1　揉麵—5分鐘
2　第一次發酵—23℃ 2小時，之後冰冰箱5小時
3　分割·滾圓—120g，6等分
4　中間發酵—30分鐘
5　整形
6　最後發酵—常溫30～40分鐘（24～27℃）
7　烤焙—210℃，14分鐘（蒸氣烘烤）

| 重點 |
● 揉好的麵團溫度為24℃。

5
改變麵團的方向，擀成橢圓形。

6
整成15×10cm的橢圓形。

7
將15cm當作橫邊，從下方將麵團捲成2cm厚。

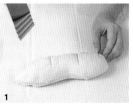

1
揉麵到中間發酵的過程請參照P.8～10（分割為120g，6等分）。

3
下壓麵團表面，用雙手輕輕將氣體排出。

8
一邊延展一邊捲時保持厚度均等。

2
中間發酵後將麵團放到揉麵墊上整形。

4
用擀麵棍延展麵團，使用生種時用木製的擀麵棍會較容易。

9
將收口朝上，緊緊捏實。

10
用雙手左右滑動，延展麵團（直到長23cm）。

⌄

11
用手指抓住麵團一端。

⌄

12
將抓住的麵團往中心收，形成三角形的收口。

⌄

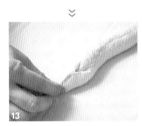

13
將**12**的收口藏到麵團裡面。

⌄

14
將**13**的上部整圓，收緊。

15
將發酵布製造出波浪狀，將**13**的麵團收口朝下放置。

⌄

16
製造出用發酵布發酵的樣子（最後發酵為室溫30～40分鐘）。

⌄

17
最後發酵完成後，用麵包板將麵團放到鋪了烘焙紙的木板上。

⌄

18
在麵團上撒上麵粉，用割紋刀從上至下劃出紋路。

完成越南三明治

將軟法麵包切開，挾進炸魚、魚醋，撒上香菜，淋上適量的甜雞醬。

炸魚

| 材料 |
白肉魚 — 半片
鹽、胡椒 — 各適量
麵粉 — 適量
麵衣
　麵粉 — 8大匙
　烘焙粉 — 1/2小匙
　鹽 — 1/2小匙
　蛋 — 1顆
　啤酒 — 80cc
油炸用油 — 適量

| 作法 |
1　將白肉魚切成適當的大小，塗上鹽、胡椒和麵粉。
2　在碗中加入麵衣的材料混合，裹在**1**上，用170℃的油油炸（慢慢放下去炸是酥脆的秘訣）。

越式醋拌沙拉

| 材料 |
白蘿蔔 — 10cm
紅蘿蔔 — 10cm
西洋芹 — 10cm
鹽 — 少許
　泰國魚露 — 4小匙
A　砂糖 — 4小匙
　檸檬汁 — 1/2個分

| 作法 |
1　將白蘿蔔和紅蘿蔔削皮，切絲。去西洋芹的筋，斜切成細絲。塗上鹽，放置10分鐘，瀝乾後和A混合。

辣捲餅

| 材料 5條份 |
馬鈴薯—1大個
牛絞肉—200g
大蒜—1瓣（切碎）
生薑—一拇指大（切碎）
咖哩粉—2大匙
湯塊—1/2
EV橄欖油—1/2大匙
餅皮
低筋麵粉—60g
砂糖—1/2大匙
鹽—少許
蛋—1顆
牛奶—200～220cc
融化的奶油—25g
香辛料類
薑黃、紅甜椒粉—各1小匙
紫苜蓿（青花菜芽也可以）—1包
紫甘藍—6片（切絲）
珠蔥（細的部分）—適量（切成長10cm）

| 作法 |

1 馬鈴薯蒸15～20分鐘，去皮，切大圓片，用叉子敲碎，平鋪冷卻。

2 平底鍋加熱橄欖油，炒大蒜和生薑，爆香後炒牛絞肉，加入敲碎的湯塊和咖哩粉調味，關火，稍微冷卻。

3 製作餅皮。在碗中加入低筋麵粉、砂糖和鹽，用打蛋器仔細攪拌，加入打好的蛋混合，再加入1/3的牛奶混合（**a**）。將剩下的牛奶分2次倒入，加入融化的奶油，在2大匙的麵糊裡加入香辛料（**b**），然後與全部混合，最好使用濾網（**c**）。

4 將**3**的麵糊倒入不沾平底鍋中，薄薄一層煎好後放到烹飪紙上，靜置（**d**）。

5 在**4**上面放上**1**、**2**和紫苜蓿、紫甘藍、珠蔥，捲起來（**e·f**），用防油紙包住，兩端像包糖果般扭轉，用菜刀對半切。

Condiments
調味料MEMO

EV橄欖油、醋、醬料類

從左邊數來第2小瓶是La Chambre aux Confitures製造的菜薊果醬，其他則是Mille et Une Huiles製造。左起為EV完熟橄欖油、同樣橄欖油的檸檬風味、青醬、BALSAMIX、由紅甜椒和埃斯佩萊特地區的辣椒所做成的醋。這些都是可以直接當作醬料使用的調味料。

蜂蜜、果醬

蜂蜜和果醬是麵包的好夥伴，所以要選擇品質好的。左後是四萬騎農園製造的栗子醬（蘭姆酒風味），這個農園以製造優良國產栗子而聞名，旁邊是Mille et Une Huiles製造的地中海花蜜，右邊兩罐是La Chambre aux Confitures製造的杏桃＆薑餅果醬，以及細皮小柑橘＆蘭姆香草的柑橘類果醬。

日式調味料

各地方的調味料是味覺的寶庫。每當我從朋友和前輩那裡得到情報，就會滿心歡喜的訂購各地方的調味料。左起為鹿兒島的福山黑醋／桷志田製造的主廚黑醋、福井的とば屋醋店製造的壺之醋，再跳到最右邊為京都的齊藤造醋店的玉姬醋，這些醋各自用在不同的料理。至於從右數來第2瓶為福井タカノ製造的柚子麴味噌醬，非常適合用在沙拉醬的提味和沾醬的佐料。

酸黃瓜、橄欖、香草

醃小黃瓜的酸黃瓜以及水煮橄欖都是輕食或三明治經常使用的佐料，所以我會去附近的外國食品超市買，如果對味就會常備在家中。

香草無論是做麵包或甜點都會用到，我喜歡TAYLOR & COLLEDGE製造的有機香草豆系列，磨成泥狀的研磨系列也很推薦。

享受季節的和風演出，午間大集合

當我注意到的時候，太陽已經越來越早西沈了，
葡萄藤延伸至車棚上，迎來葉子開始有了各種顏色的時節。
預先感知到季節，這就是有招待之美意識的日本。
有時用和風結合麵包與料理也是快樂的事情，
像是和菓子般的栗子麵包，或是這季節的蘋果開始收成，
也讓人想做反轉蘋果麵包。
我想為重要的人獻上能夠意識到豐收秋季的原創麵包，
於是我準備了和食的組合。我在漆製的方盤上放著福字的筷架，
配上彩繪的盤子，集合了我所喜歡的和風器皿來招待客人。

Autumn

芥末色的桌布和方盤是一組
的。我將會讓人聯想到格窗的
細枝放在桌子中間，配上嶄新
的托盤，放上反轉蘋果麵包。

Appreciate The Changing Seasons
In A Wa-Style Luncheon

反轉蘋果麵包

從這個名字就可以知道，這是我從法國甜點反轉蘋果塔得到啟發所創作的麵包。用色澤美麗的蘋果當作材料，酸味和甜味也得到絕妙的平衡，雖然製作的季節受限，但希望大家都能嘗試挑戰這個季節麵包。麵團使用布里歐修麵團，如果能好好作出焦糖醬的話，這個麵包並沒有那麼難。將蘋果切片並排，看起來就像磅蛋糕一樣，配合姬蘋果或紅色果實的枝葉，擺在和風托盤上。

作法P.65

栗子麵包

我將從四萬騎農園收到的美麗栗子和我做的原創栗子麵包一同放進樫木的箱子中，到底哪個才是真的栗子成為餐桌上的話題。雖然這麵包有加栗子粉，但中心使用的是糖漬栗子。將麵團延展整形後，放入栗子形狀的模具中烤焙，撒上罌粟籽就大功告成。模具為市售，為和菓子專用。

作法P.64

盛放雞肉佐青蔥醬和三色捲的彩繪中盤子是由中尾萬作所作。右後方是柿子與菊花的和風芝麻沙拉，左邊的玻璃器皿盛放的是海膽與山藥佐黃瓜醋凍。增添菊花，讓秋天的演出更加出色。

Menu

栗子麵包
反轉蘋果麵包

海膽與山藥佐黃瓜醋凍
柿子與菊花的和風芝麻沙拉
雞肉佐青蔥醬、三色捲
南瓜布丁

苦楝的果實。餐桌上的花並不僅限於摘下來的花朵，
請活用果實、葉片等的枯枝。

茶的部分，我準備了台灣的凍頂烏龍茶。無論是配甜
麵包還是和食都很搭，香氣芬芳的溫和茶種。

每到秋天我一定會被要求做的就是這個南瓜布丁。甜
甜的南瓜泥以及焦糖醬，美味的和弦擄獲人心。

海膽與山藥佐黃瓜醋凍

| 材料 4人份 |

海膽 — 40g
山藥 — 10cm

A
高湯 — 350cc
薄口醬油 — 50cc
味醂 — 50cc

柴魚片 — 適量
吉利丁粉 — 7g

小黃瓜醋

小黃瓜 — 1條
醋 — 50cc
柴魚高湯 — 100cc
砂糖 — 5g、鹽 — 3g
菊花（食用·黃）— 少許

| 作法 |

1 用菜刀將山藥敲碎，輕輕用水洗去牽絲的部分，放在烹飪紙上晾乾，輕撒上鹽。

2 將A混合，煮滾後加入柴魚片，再次煮滾後關火，過濾。加入溶解的吉利丁粉，冰在冰箱中凝固（用湯匙分割）。

3 將黃瓜醋的材料全部放到果汁機裡打碎，再急速冷卻。

4 在沸騰的水裡加入醋（份量外），將菊花煮過後放到濾篩上，沖冷水，去除水分後輕輕擰乾。

5 在器皿中依序放進 2、1、黃瓜醋，再鋪上海膽，擺上 4 的菊花。

柿子與菊花的和風芝麻沙拉

| 材料 4人份 |

柿子 — 1顆
油豆腐 — 1片

A
白芝麻醬 — 4大匙
白味噌 — 1小匙
砂糖 — 1大匙
鹽 — 1/3小匙
醬油 — 1小匙

菊花（食用·紫）— 適量
醋 — 1大匙（兌600cc的水）

| 作法 |

1 去柿子皮，切圓片。

2 在沸騰的水裡加入醋，將菊花煮過後放到濾篩上，沖冷水，去除水分後輕輕擰乾。

3 將油豆腐的薄皮撕下，切絲，用湯匙將豆腐內餡挖出來。

4 將 3 的豆腐內餡放到搗蒜器中，加入A仔細攪拌，再加入柿子、油豆腐的皮混合。

雞肉佐青蔥醬、
三色捲

南瓜布丁

雞肉佐青蔥醬

| 材料 4人份 |
雞胸肉—1片
砂糖—1大匙
A
　酒—3大匙
　水—50cc
　鹽—適量
　生薑—一拇指大
　蔥（青色的部分）—適量
　珠蔥—適量（切碎）
B
　芝麻油—1大匙
　黑醋—1大匙
　醬油—1大匙
芽蔥—適量

| 作法 |

1 將雞胸肉解凍，隨個人喜好去皮，切開的厚度要均等，仔細揉進砂糖，放置10～15分鐘。

2 在平底鍋中加入1，再倒入A，開中火。煮滾後翻面，轉小火，蓋上鍋蓋蒸煮8分鐘。關火，稍微放涼，切成薄片。

3 將B混合製作醬汁，淋在2上。按照喜好擺上芽蔥。

三色捲

| 材料 4人份 |
菠菜—2把
蛋—3顆
鹽—少許
砂糖—1大匙
豆皮（有味）—1片
蟹肉棒—4條
海苔—適量

| 作法 |

1 將菠菜燙過後，仔細瀝乾。

2 做玉子燒。在碗中加入蛋，仔細攪拌後，加入鹽、砂糖，倒入玉子燒器中，直切成長條狀。

3 在竹簾上鋪上保鮮膜，再鋪上一層薄薄的菠菜，放上切開的豆皮，放入2的玉子燒和蟹肉棒，捲起來。

4 在開動前去除3的保鮮膜，用海苔包，再佐以柚子醋（份量外）。

南瓜布丁

| 材料 4人份 |
焦糖醬
砂糖—100g
熱水—15cc
水—15cc
南瓜布丁的內餡
南瓜—300g（果肉）
蛋—4個
細砂糖—110g
和三盆—30g
牛奶—150cc
生奶油—150cc

| 作法 |

1 製作焦糖醬。在鍋子中加入砂糖和水，畫圓攪拌，開中強火，靜置一會，等到從鍋緣開始變色時再畫圓攪拌，直到出現好看的焦色時關火，加入熱水。

2 蒸南瓜，然後將南瓜放入食物調理機中，打成泥狀。

3 在碗中加入蛋、細砂糖和和三盆，仔細攪拌，加入牛奶、生奶油混合。

4 將3慢慢地倒入南瓜泥中混合。

5 將1薄薄一層倒入模型中，等到凝固後加入4。在烤盤上鋪上濕布，用150℃的烤箱烤約60分鐘（如果在烤盤上鋪上厚厚濕布，水分的蒸發率會減少）。

栗子麵包

| 材料 8個份 |
中高筋麵粉—160g（100%）
洗雙糖—10g（6.2%）
鹽—2.5g（1.5%）
生種—12g（7.5%）
　星野天然酵母
水—105cc（65%）
栗子粉（FARINA DI CASTAGNE）
　—40g（25%）
內餡
| 糖漬栗子—適量
裝飾
| 罌粟籽—適量*

| 製法 |
1 揉麵—10分鐘
2 第一次發酵—25℃，7小時
3 分割‧滾圓—40g，8等分
4 中間發酵—30分鐘
5 整形
6 最後發酵—33℃的發酵器具，60分鐘
7 烤焙—250℃，6分鐘、210℃，5分鐘烤箱先以250℃預熱，形成蒸氣

| 重點 |
● 揉好的麵團溫度為24℃。

*罌粟籽於台灣仍被列為二級毒品，請讀者特別注意使用。

7
將麵團放進噴了油的模型中，最後發酵為33℃，60分鐘。

1
中間發酵結束後，將麵團置於揉麵墊上。

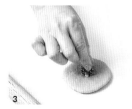

3
在中心放上糖漬栗子。

5
整成等腰三角形，將收口仔細黏緊。

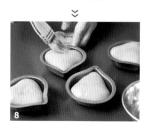

8
最後發酵完成後，在栗子形狀的麵團上，從距離下半部分2cm處用毛刷塗上水。

2
用木製擀麵棍擀成8cm大的圓形。

4
從麵團中間對折（折成等腰三角形）。

6
將栗子形狀的下半部分整成圓形，並整成模型的大小。

9
將罌粟籽固定在刷了水的部分。

反轉蘋果麵包

| 材料 長條吐司模具1個份 |
高筋麵粉—180g（100%）
　高筋麵粉—50%
　特高筋麵粉—50%
乾酵母—3.6g（2%）
砂糖—27g（15%）
鹽—2.7g（1.5%）
無鹽奶油—36g（20%）
水—72cc（40%）
全蛋—36g（20%）
蘋果—2顆
焦糖醬
　細砂糖—70g
　無鹽奶油—60g

| 製法 |
1　揉麵—20分鐘
2　第一次發酵—40分鐘
3　分割·滾圓
4　中間發酵—15分鐘
5　整形—不用分割，滾圓
6　最後發酵—35℃的發酵器具，20分鐘
7　烤焙—190℃，25分鐘

| 重點 |
● 揉好的麵團溫度為27～28℃。

3
將麵團的表面朝下，用手掌輕壓排氣。

⌄⌄

6
整成橫邊為20cm的麵團。

⌄⌄

8
將收口朝上，仔細黏緊。

⌄⌄

1
將切成8等分、梳子狀的蘋果焦糖化後，皮朝下放入模具中冷卻。

⌄⌄

2
揉麵到中間發酵的過程請參照P.12～13。中間發酵結束後，將麵團置於揉麵墊上。

4
用擀麵棍延展麵團。使用乾酵母時，塑膠製的擀麵棍更容易排氣。

⌄⌄

5
從麵團中心往下擀，再從中心往上擀排氣。延展成20×15cm的大小。

7
從麵團下方開始折3cm厚，一邊延展麵團一邊捲。

9
將收口朝下，整成模型的大小。

⌄⌄

10
將麵團放進噴好油的模型裡。

充滿酒香的大人麵包派對

這次使用的桌布是像墨般的魚子醬色，更加突顯無花果沙拉及酪梨慕斯等料理。
因為主角是紅酒，所以不能忘了烤麵包和起司。
製作法國長棍麵包對初學者來說是有些困難的工程，
推薦用高水量麵團的鄉村麵包。
我用自家製的麵包製作開面三明治，佐以布利乾酪、
馬斯卡彭起司和奶油起司等合適的起司，今天我甚至在宴客廳準備了修道士乳酪，
客人們享用著旋轉削下來如同花瓣的乳酪，徜徉於美食中。

Wine and Bread For A Harvest Festival

因為用高水量鄉村麵包
烤焙的麵團會產生大孔
洞，放置蔬菜菜葉或乳酪
等食材時，最好注意不
要讓麵包變得濕濕黏黏
的。我準備了4種開面
三明治取代前菜。

Late Autumn

用高水量麵團製作的麵包會產生大孔洞，所以製作開面三明治時要注意配料的水分及濕氣。塗上奶油起司保護麵包，或是仔細擦乾菜葉的水分的話就不用擔心。

用發酵籃做鄉村麵包

發酵籃是麵包用來發酵的籐製圓籠，內側貼有麻布的發酵籃較適合這種麵團。發酵籃原本就是用來幫助麵包發酵或整形，讓多餘的水分蒸發。

作法P.15～16

用staub鍋製作鄉村麵包

用高水量的鄉村麵團製作麵包時，因為這種麵團水分非常多，十分黏手，若不習慣的話會很難成形。若使用staub圓形鑄鐵鍋當作模具，在第一次發酵結束後，將麵團倒到鍋子中就可以直接進行最後發酵，不需要中間發酵或整形，請務必挑戰看看。

作法P.17

鄉村麵包的開面三明治4種
無花果及布利乾酪
馬斯卡彭起司及帶皮栗子
沙丁魚及橄欖醬
煙燻鮭魚及奶油起司

無花果與生火腿沙拉
酪梨慕斯與
醃泡紫甘藍

和風煎牛肉

修道士乳酪
經典巧克力
長棍麵包佐蜂蜜

左上／無花果與生火腿的黃金組合佐沙拉。無花果用紅酒及辛香料煮過，
再淋上煮過的醬汁。
左下／用玻璃杯裝酪梨慕斯當作前菜，再妝點上紫甘藍和黑橄欖，變成讓
人印象深刻的擺盤。
右下／巧克力長棍麵包。在麵團中加入調溫巧克力，延展麵包兩端並擰
緊，造型具有特色。

接鄰法國的瑞士侏羅州所產的修道士乳酪口感濃厚細緻。將乳酪放在巧克力長棍麵包上面,再撒上可可豆碎粒,並按照喜好淋上蜂蜜。

將修道士乳酪放在名為乳酪刨花刀的專門刨削器具上面,旋轉把手就能將乳酪削成如同花瓣一樣。放在前面盤子裡的是橄欖、可可豆碎粒和帶蒂的葡萄乾。

大受好評的和風煎牛肉是使用類似壽喜燒的醬汁製作而成的,這道主餐在招待客人的前一天就能準備好,十分方便。

無花果與
生火腿沙拉

| **材料** 4人份 |

無花果—3個

A
丁香—2粒
黑胡椒（球狀）—2粒

紅酒—50cc

B
巴薩米克醋—1/2小匙
橄欖油—1/2小匙

芝麻菜—20片

生火腿—8片

| **作法** |

1 將無花果切成8等分的梳子狀。

2 將A用菜刀敲碎後放入茶包袋中，在鍋中倒入紅酒，加入茶包，用小火熬煮。

3 當煮到出現勾芡時，加入B與**1**，用小火煮到無花果稍微變軟後，盛到方盤上，並將湯汁取出。

4 將剩下的無花果生切成12等分的梳子狀，將芝麻菜、生火腿、**3**的無花果與生的無花果盛放到盤子上，撒上粗粒黑胡椒（份量外），淋上**3**的醬汁。

酪梨慕斯與
醃泡紫甘藍

| **材料** 4人份 |

酪梨慕斯

酪梨（全熟）—1顆

吉利丁片—3g

A
豆奶—125cc
砂糖—2/3小匙
鹽—1撮

醃泡紫甘藍

紫甘藍—1/4（切絲）

鹽—少許

B
白巴薩米克醋—4大匙
法式沙拉醬—2大匙

| **作法** |

製作酪梨慕斯

1 將酪梨用食物調理機打成泥狀。

2 將吉利丁片用水泡發10分鐘，將A以及瀝乾的吉利丁加入小鍋中。開小火，混合攪拌直至吉利丁溶解為止，加入**1**的酪梨混合，冷卻至人體肌膚的溫度後倒入容器中，冰在冰箱3小時以上。

製作醃泡紫甘藍

3 將紫甘藍撒上鹽，靜置五分鐘後擰乾，放入碗中，淋上B調味。

4 將凝固的酪梨慕斯與醃泡紫甘藍盛到器皿上，按照喜好擺上黑橄欖與藥用鼠尾草的葉子（都份量外）。

和風煎牛肉

| **材料** 4人份 |

牛肩里肌肉—400～500g（塊狀）

鹽、胡椒—各適量

大蒜—1瓣

奶油、橄欖油—各1大匙

醬料（混合下列，200cc）

醬油—100cc

味醂—75cc

砂糖—50cc

水—25cc

昆布高湯—1/4小匙

蔥—10cm

西洋菜—1株

紫菊苣—1片

| **作法** |

1 將醬料的材料放入鍋中，開火，仔細攪拌後稍微煮滾，放置冷卻。

2 將牛肉塗上鹽巴和胡椒。

3 將奶油、橄欖油放入平底鍋中加熱，放入敲碎的大蒜，煎牛肉至出現焦色（5分鐘左右）。

4 將**3**的煎牛肉淋上500cc熱水（份量外）去油花，再瀝乾。

5 在厚的鍋子中放入**4**的牛肉與**3**的大蒜，加入醬料與100cc的水（份量外），煮14分鐘後關火，將鍋子取下（如果煮滾的話就將火轉小，不要蓋鍋蓋）。

6 將煮好的肉放在鍋中靜置，稍微冷卻後，連同肉汁倒入密封袋中，完全冷卻後加入蔥，冰在冰箱7小時以上。

7 將肉切片，添加西洋菜或紫菊苣，也可按照喜好添加山葵。

4種鄉村麵包的開面三明治

無花果及布利乾酪

| 材料 2人份 |
鄉村麵包切片 — 2片
無花果 — 1/4個
布利乾酪 — 適量
無花果與巴薩米克醋的沾醬 — 1小匙
紫菊苣 — 適量

| 作法 |
1 在鄉村麵包切片上放上菊苣、無花果與巴薩米克醋的沾醬,再放上布利乾酪和無花果切片。

馬斯卡彭起司及帶皮栗子

| 材料 2人份 |
鄉村麵包切片 — 2片
馬斯卡彭起司 — 適量
帶皮栗子 — 2顆

| 作法 |
1 在鄉村麵包切片上放上馬斯卡彭起司和帶皮栗子。

沙丁魚及橄欖醬

| 材料 2人份 |
鄉村麵包切片 — 2片
油漬沙丁魚 — 2條
紫菊苣 — 適量
菊苣 — 2片
油漬番茄乾 — 2個
綠橄欖醬 — 2小匙
細菜香芹 — 適量

| 作法 |
1 在鄉村麵包切片上放上菊苣、紫菊苣,然後抹上綠橄欖醬,再放上沙丁魚和醃漬番茄乾,最後放上細菜香芹。

煙燻鮭魚及奶油起司

| 材料 2人份 |
鄉村麵包切片 — 2片
奶油起司 — 3小匙
煙燻鮭魚 — 2片
紅葡萄柚 — 1瓣
蒔蘿 — 適量
菊花(食用・紫)— 適量

| 作法 |
1 在鄉村麵包切片上塗上奶油起司,放上煙燻鮭魚和葡萄柚,撒上蒔蘿和菊花。

Winter

冬

用豪華的麵包度過歐式聖誕夜

若包含像甜點的麵包在內，歐洲的各國、各城市

都有各自與聖誕節有關的烘培食譜，我對這類的知識也很感興趣。

像是義大利有托尼甜麵包、英國有聖誕布丁，

法國的亞爾薩斯有貝拉維加水果聖誕麵包，

德國有史多倫麵包等等，種類相當繁複。

在我的工作室課堂上，也常出現我這幾年致力研究的史多倫麵包和奶油圓蛋糕，

因為大受學生歡迎，所以我會每年改變內餡或外觀裝飾，享受各種變化。

今天晚上我將餐桌佈置成聖誕夜的印象，

無論是器皿或桌布都以金色和銀色為主題，用水晶調和出高雅的色調。

左頁／聖誕餐桌。銀絲與鑽石花紋的桌布，配上淺盤與餐巾環更加襯托金色的餐具。下／聖誕節裝飾、特別設計給史多倫麵包的空間一角、加有辛香料的熱紅酒。

Holiday With Traditional Christmas Breads

紅酒長棍麵包與
金山乳酪

據說法國嚴格管理有「黃金之山」一名
的金山乳酪，製造時期限定在8月15日
至3月15日。這個金山乳酪是從久田早
苗小姐的店裡送來的，她擁有法國乳酪
熟成師的最高稱號。此時正是吃金山乳
酪的最好時節，我將乳酪放在原創的紅
酒長棍麵包上，撒在上面的結晶是用紅
酒染色的香草鹽。

白巧克力奶油圓蛋糕

說到奶油圓蛋糕，就會想到這是那位瑪麗・安東尼喜愛的維也納甜點，不過這裡介紹的是使用乾酵母製作奶油圓蛋糕的方法，事實上這個麵包食譜即使是初學者也不用擔心。在麵團中加進和聖誕節很搭的白巧克力和水果乾，完成之後也用白巧克力當作裝飾，另一個方法則是撒上糖粉讓麵包變成純白色。

作法P.82

天然酵母史多倫麵包

在聖誕節時期製作史多倫麵包的烘培坊在近幾年不斷增加，大家何不也試著自己手作一次呢？以布里歐修麵團當作基底，使用天然酵母，再加上用蘭姆酒浸泡的綜合水果、肉桂與肉豆蔻等辛香料，香氣濃郁。中心包著糖漬栗子，是有點奢華的口味，請搭配香料茶享用。

作法P.84

Menu

天然酵母史多倫麵包

白巧克力奶油圓蛋糕

紅酒長棍麵包與金山乳酪

法式蔬菜凍

串烤海鮮佐雙色醬

紅酒燉牛肉 馬鈴薯泥

烤蘋果

湖水綠的晚餐盤，十分適合鑲嵌蔬菜的法式蔬菜凍。
旁邊有一排雙色圓點沾醬，是用醬料繪製筆畫在盤子
上的。

將串烤海鮮放進高腳玻璃杯中，讓傳統的表現方式變
得新鮮。我也試著將雙色沾醬盛入利口杯中。

因為有甜麵包，所以甜點準備了使用水果的甜點，那就是熱騰騰的烤蘋果。如果使用水果穀片就能在瞬間完成，是冬天必做的甜點。

用紅酒仔細燉煮的牛肉搭配馬鈴薯泥。雖然有點花時間，但這種經典組合真的相當美味，如果在特別的日子裡被家人要求做這道菜會特別高興。

法式蔬菜凍

| **材料** 4人份（23×10cm的醬麋模型1個）|
摩洛哥四季豆—10根（去菜筋）
小胡蘿蔔—6根
花椰菜—1/2株（每房分開）
玉米筍—5根
櫛瓜—1條
吉利丁片—9g
　番茄水*—250g
A　法式清湯（粉末）—少許
　生薑—薄切2片
香蒜醬**—1小匙
EV橄欖油—1大匙
BALSAMIX**—適量
＊使用市售的水晶番茄（不紅的番茄汁）
＊＊使用Mille et Une Huiles公司出品

| **作法** |
1 分別用5%的鹽水燙摩洛哥四季豆和小胡蘿蔔，再用冷水鎖住色澤，將水分瀝乾，放置1小時冷卻。
2 分別用5%的鹽水燙花椰菜和玉米筍，和湯汁一起放涼。
3 將櫛瓜直切薄片。
4 將吉利丁片放在水裡泡發10分鐘。用鍋子加熱A，放入吉利丁溶解，過濾後稍微放涼。
5 在模型中鋪上保鮮膜，然後鋪滿櫛瓜片，不要留有空隙，讓櫛瓜比模型高出一點。接下來放入摩洛哥四季豆，將**4**倒至模型1/3滿的位置，再放入花椰菜、玉米筍和小胡蘿蔔，放入剩餘的四季豆，再倒入**4**，將櫛瓜凸出來的部分往下壓，當作蓋子。
6 將**5**冰在冰箱1個晚上，再切開盛到盤子上，將羅勒醬混合橄欖油的沾醬與BALSAMIX交互點在盤緣。

串烤海鮮佐雙色醬

| **材料** 4人份 |
生鮮魚—150g
鹽—1/2小匙
細砂糖—1/4小匙
蒔蘿、EV橄欖油—各適量
干貝—4個
鹽、胡椒、EV橄欖油—各適量
蝦子（黑虎蝦）—8尾
白酒—少許
鹽、胡椒、EV橄欖油—各適量

香料雞尾酒醬
紅甜椒與埃斯佩萊特辣椒醋*—2大匙
番茄醬—1大匙
美乃滋—2大匙

香草美乃滋醬
酸奶油—25g
美乃滋—70g
檸檬汁—1/4顆
珠蔥—1小匙
蒔蘿—1株
大蒜—少許
胡椒—少許
＊使用Mille et Une Huiles公司出品

| **作法** |
1 在魚肉上撒上鹽和細砂糖，放上蒔蘿，靜置10分鐘，擦乾，塗上橄欖油。放到烤網上烤，出現焦色後離開火源，冷卻後切成3cm塊狀。
2 在干貝上撒上鹽和胡椒，靜置10分鐘，擦乾，塗上橄欖油。放到烤網上烤，出現焦色後離開火源。
3 在蝦子上撒上白酒，靜置10分鐘，擦乾，塗上鹽、胡椒和橄欖油。放到烤網上烤，出現焦色後離開火源。
4 分別混合2種沾醬的材料。將烤好的海鮮盛到雞尾酒杯裡，沾醬放在別的器皿中。

紅酒燉牛肉 馬鈴薯泥

| 材料 | 4人份 |

牛肩里肌肉 — 500g（塊狀）
鹽、胡椒、麵粉 — 各適量
EV橄欖油 — 4大匙
波特酒 — 180cc
紅酒 — 400cc
香芹 — 2大匙（切丁）
大蒜 — 2個（稍微拍碎）

香味蔬菜
洋蔥 — 1顆
紅蘿蔔 — 1/2根
西洋芹 — 1條
整顆番茄（罐頭）— 400cc
法式清湯 — 200cc
黑胡椒 — 適量

馬鈴薯泥
馬鈴薯 — 2個
牛奶 — 80cc
無鹽奶油 — 15g
鹽、胡椒 — 各少許

| 作法 |

1 將牛肉切成5～6cm塊狀，撒上鹽、胡椒，塗上麵粉，在加熱的平底鍋倒入橄欖油2大匙，將表面煎得恰到好處。

2 將波特酒灑在煎過的牛肉上，把火轉強，讓酒精揮發，稍微燉煮後，倒入紅酒，加入香芹，用小火煮。

3 在鍋子中倒入橄欖油2大匙，加入大蒜，用小火爆香，加入切好的香味蔬菜炒，不要燒焦。

4 當蔬菜炒到縮水軟化後，將2連同湯汁倒入。

5 將番茄稍微拍碎連同醬汁倒入，再倒入加熱過的清湯，中途一邊去除雜質，一邊用小火熬煮2小時，直到肉變軟為止。

6 將肉取出，將湯汁過濾後倒回鍋子中加熱，用鹽、黑胡椒調味，當作醬汁。

7 製作馬鈴薯泥。將馬鈴薯連皮煮後去皮，趁溫熱的時候打成泥。放入鍋中，加入牛奶，開火，加入奶油攪拌，以鹽、胡椒調味。

8 將5的牛肉連同醬汁倒入器皿中，配上7，佐西洋菜（份量外）。按照喜好撒上研磨的黑胡椒粒。

烤蘋果

| 材料 | 4人份 |

蘋果（紅玉）— 2顆
A
水果穀片 — 3大匙
楓糖漿 — 2大匙
無鹽奶油 — 30g
肉桂糖粉 — 1大匙

| 作法 |

1 將蘋果上部橫切當作蓋子，將下半部分的中心挖空。

2 在碗中加入A材料混合，塞進1的蘋果。排列在耐熱容器中，烤箱預熱至180℃，烤15分鐘。

白巧克力
奶油圓蛋糕

| **材料** 奶油圓蛋糕模型（18cm）|

高筋麵粉－300g（100％）
　高筋麵粉60％
　特高筋麵粉40％
洗雙糖－30g（10％）
乾酵母－4.5g（1.5％）
鹽－3g（1％）
牛奶－96cc（32％）
蛋－90g（30％）
無鹽奶油－84g（28％）
白巧克力－60g（20％）
綜合果乾－75g（25％）

外觀裝飾
免調溫白巧克力－適量
糖粉－適量

| **製法** |

1　揉麵－20分鐘
2　第一次發酵－50分鐘
3　分割・滾圓－不用分割，滾圓
4　中間發酵－20分鐘
5　整形
6　最後發酵－35℃的發酵器具，25分鐘
7　烤焙－190℃，25分鐘

| **重點** |

● 白巧克力和果乾在揉麵結束前5分鐘加入。加到麵團的巧克力為做甜點專用的調溫巧克力，無論是使用塊狀或片狀的調溫巧克力，都要先稍微切過後才加入。
● 揉好的麵團溫度為28℃。
● 免調溫白巧克力不必調溫，用熱水（45℃）或微波爐融化後使用。

1
揉麵到中間發酵的過程請參照P.12～13。圖為中間發酵完成後的麵團樣子。

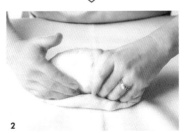

2
將麵團置於揉麵墊上。用雙手一邊將氣體排出，一邊往內拉整。

3
改變 **2** 的方向，往內拉整，整成圓形。反覆操作約8次，將氣體排出。

4
圖為排出了多餘氣體、變得緊實的圓形麵團。整形會影響到烤焙出來的麵包的美觀程度。

5

將**4**的表面朝下，從上方（背面）用沾了麵粉的手指在中間戳一個洞。

⌄

6

將兩隻手的手指沾上麵粉，拉開中間的洞，大約3cm。

⌄

7

雙手手指從麵團的背面放在洞裡，將麵團放入噴上油的奶油圓蛋糕模具。

8

拉開中間的洞，將麵團延展成模具的大小。

⌄

9

用指節壓平上部的麵團表面，進行最後發酵。

⌄

10

圖為最後發酵（35℃，25分鐘）完成的樣子。判斷最後發酵的時間點為麵團膨脹至模具9分滿的位置時。

奶油圓蛋糕的外觀裝飾

奶油圓蛋糕的麵團可加果乾或洋酒，能呈現出各種風味。裝飾時也可以用糖粉完全覆蓋蛋糕，或是將糖粉撒在上頭，再擺上檸檬薄片（烤過的糖漬食品），讓蛋糕看起來清秀整潔。

多元的裝飾

加熱免調溫白巧克力，從上面淋下，撒上糖粉。

天然酵母的史多倫麵包

| 材料 4個份 **|**

高筋麵粉—500g（100%）
　高筋麵粉70%
　特高筋麵粉30%
生種—50g（10%）
　星野天然酵母
砂糖—60g（12%）
鹽—6g（1.2%）
無鹽奶油—125g（25%）
全蛋—100g（20%）
牛奶—100cc（20%）
水—50cc（10%）
蘭姆酒漬的綜合水果—200g（40%）
肉桂粉—2又1/2小匙
肉豆蔻—少許
糖漬栗子—適量
蛋液—適量
外觀裝飾
　白蘭地—100cc
　融化的奶油—50g
　糖粉—適量

| 製法 |

1 揉麵—20分鐘
2 第一次發酵—22℃，10小時
3 分割‧滾圓—300g，4等分
4 中間發酵—20分鐘
5 整形
6 最後發酵—35℃的發酵器具，30分鐘
7 烤焙—190℃，18分鐘

| 重點 |

● 肉桂粉和肉豆蔻在揉麵時與麵粉一起加入，蘭姆酒漬的綜合水果在揉麵結束前5分鐘加入。
● 揉好的麵團溫度為29～30℃。

蘭姆酒漬的綜合水果在揉麵時就加到麵團裡，但糖漬栗子則因為希望出現在切片的中央，所以在整形時才包進麵團中。右圖為做甜點專用的糖漬栗子。

1

雖然使用生種，但揉麵到中間發酵的過程請參照P.12～13的布里歐修麵團。圖為中間發酵完成後的麵團樣子。

︾

2

將1表面朝下，置於揉麵墊上。

︾

3

用雙手輕壓麵團排氣。

︾

4

使用擀麵棍，依序從麵團中央向下擀，再從中央向上擀，延展成22×15cm的橢圓形。

5

在橢圓形的中央長軸用擀麵棍壓出一條摺線（麵團被擠壓的部分不會膨脹，就能夠烘焙出好看的形狀）。

︾

6

在橢圓形麵團的單側擺上一直排的糖漬栗子。

︾

7

用另一側的麵團包覆，用手指將收口與下方麵團壓合（收口距離外側1.5cm）。

︾

8

最後發酵為35℃，30分鐘。在最後發酵完成的麵團上用毛刷塗上蛋液。

9

烤焙完成後，趁溫熱時用毛刷塗上白蘭地，等稍微乾了之後，再塗上融化的奶油。麵團冷卻後要撒上糖粉，所以移到烘焙盤上。

︾

10

將放在烘焙盤上的糖粉沾滿麵包，並在麵包表面撒上大量的糖粉作為裝飾。

冬天的醍醐味 金山乳酪

金山乳酪已經是眾所皆知的
秋冬限定人氣乳酪。
在乳酪與木盒之間的茶色環帶
是歐洲雲杉的樹皮，
在金山乳酪熟成的同時，
這種樹木的香氣也會沾染在乳酪上。

金山乳酪的吃法

我曾向專業人士學習正確打開金山乳酪的
方法，首先去除木盒的上部，再仔細地切
下乳酪的外皮。

1
拿掉金山乳酪的蓋子，將木盒上面的釘書針
用刀子去除。

2
拿掉木盒上部一圈，讓乳酪外皮露出木盒表
面。

3
將刀子插入表面凹凸不平的乳酪外皮之下，
將外皮切除。

4
小心地將外皮取下，當作蓋子。

5
將黏在外皮內側的乳酪刮下，放回木盒中。

6
圖為切下的外皮與在木盒中的乳酪。當乳酪
有剩時，還需要用到外皮。

7
因為乳酪是從外側開始熟成，為了讓乳酪均勻，用
湯匙攪拌讓乳酪變得平滑。享用時直接將木盒擺在
餐桌上，豪爽地挖出乳酪放在麵包或溫熱蔬菜上。
在食用金山乳酪之前，至少要先放置在常溫中2～3
小時風味才會最佳。當乳酪吃剩時，將6的外皮放
回去封起來，蓋上木盒的蓋子，放入夾鏈式的保鮮
袋中，保存時最好放在冰箱的蔬果室裡。

最後焗烤金山乳酪，
享用熱騰騰的
起司火鍋

另一種享用金山乳酪的美味吃法就是「金山
乳酪火鍋」（Fond d'or），Fond d'or一詞
就 是 合 併 火 鍋 （Fondue） 和 金 山 乳 酪
（Mont d'or）而來的，如今成為法國的鄉
土料理，相當受到歡迎。這種起司火鍋的食
譜為，在金山乳酪中加入少許大蒜、1小匙
白酒、少許麵包粉，連同木盒一起送到烤箱
烤，最後佐以麵包或熱馬鈴薯享用。當乳酪
剩下不多時，可以加入蔬菜增加份量，至於
烤的時間則依照乳酪剩下的份量調整。

1
沒吃完的金山乳酪。準備白酒和切過的綜合
蔬菜。

≫

2
加入一點蔬菜，在金山乳酪中倒入1小匙白
酒。

≫

3
一邊將浸了白酒的乳酪塗在蔬菜上，一邊混
合加入剩下的蔬菜。

≫

4
在木盒四周包上鋁箔紙，放進烤箱，烤7～8
分鐘。

以愉快的Buffet享受新年聚餐

這是和來工作室學習的大家一起度過的新年聚餐。

料理以手拿食物為主，像是西班牙小點Pinchos及使用長棍麵包的開面三明治。

因為玻璃杯裡裝的是前菜類的冷盤，所以我還追加了烤好就能立即上桌的披薩和鬆餅。

在紫羅蘭色的桌布上擺上黑色的石板盤，並用樹叢般的白色樹枝製造出餐桌風景。

在餐桌的演出中，我最看重的是配色以及餐具高低起伏的節奏感，為了不讓餐桌看起來平板，

我甚至讓十分具有存在感的蛋架和南瓜造型的鍋子登上餐桌。

用優雅的品味安排難度很高的Buffet，充滿新年煥然一新的氣氛。

Canape Party In Our Baking Studio

甜披薩

甜披薩很適合冬天聚餐，一烤好就能上桌。餡料是冷凍莓果一類，像這種一開始就混合在一起的食材十分方便，最後只需要放上奶油起司和切碎的白巧克力，這是一道簡單但非常美味的料理，披薩皮是自家製作。

作法P.98

綁著黑白雙色蝴蝶結的方塊麵包（P.8）是讓客人帶回家的伴手禮，光是放在餐桌上就如同美麗的裝飾品。

迷你鬆餅
鮭魚‧馬斯卡彭起司

這道料理像是開胃小菜一樣,在一口大的鬆餅上放上配料。因為我想擺上類似前菜的食材,所以選擇了鮭魚＆馬斯卡彭起司的組合,其他組合還有像是鮭魚卵＆酸奶油、塔塔醬帆立貝＆香草美乃滋等等,配料的組合十分自由。

作法P.96

布利尼薄餅
雞肉火腿佐香料咖哩醬

用蕎麥粉做成的小可麗餅是布利尼薄餅。雖然這是諾曼第地區的鄉土料理,但這次我是用蕎麥粉和低筋麵粉以6：4的比例烘焙而成,類似迷你鬆餅,搭配用雞胸肉做成的雞肉火腿,再淋上香料咖哩,這個醬料和螃蟹、蝦子等甲殼類也都很搭。

作法P.97

Menu

迷你鬆餅
鮭魚・馬斯卡彭起司

布利尼薄餅
雞肉火腿佐香料咖哩醬

甜披薩

開面三明治2種

西班牙小點Pinchos 2種
鮭魚和櫛瓜
柿子和生火腿・莫札瑞拉起司

胡蘿蔔湯

古斯米塔布蕾沙拉

蔬菜棒佐甜菜醬

雞蛋塔

左上／將長棍麵包對半直切，在船型的薄片上放上佐料的開面三明治。使用色彩豐富的配料，插上裝飾用小旗子。
左下和右下／西班牙小點Pinchos上的自製小旗子十分吸引目光。即使是這樣的小料理，也要注意素材和味道的配合。

上・左／胡蘿蔔湯。到了冬天根莖類蔬菜的甜味會更上一層。

上・中／在玻璃製的湯匙中擺上切好的水果，可以直接享用。

上・右／古斯米塔布蕾沙拉。異國情調的沙拉，具有氣泡般的口感。

左／蔬菜棒佐甜菜醬。

右／將隔水加熱過的半熟蛋放在像樹一樣的裝飾蛋架上，裡面有酥脆的培根，讓客人用小湯匙挖著吃，或沾麵包吃也很美味。

下・左／將源自巴黎的紅茶、THE O DOR的熱茶倒到玻璃杯中，香氣怡人。

下・中和右／南瓜造型的鍋子是staub的限量商品。將奶油圓蛋糕的切片用包裝紙包起來。

西班牙小點Pinchos 2種

| 材料 6人份 |
鮭魚和櫛瓜
煙燻鮭魚—4片
櫛瓜—1條
酸奶油—70g
奶油起司—45g
黑橄欖（去籽）—6顆

柿子和生火腿・莫札瑞拉起司
柿子—1/2顆
生火腿—6片
莫札瑞拉起司（小球狀）—6顆
綠橄欖（去籽）—6顆

| 作法 |
鮭魚和櫛瓜
1 將櫛瓜直切成薄片。
2 將酸奶油和奶油起司混合攪拌至平滑為止。
3 在竹簾上鋪上保鮮膜，將1斜斜並排，中間稍微重疊，塗上2，將鮭魚橫擺上去。
4 將竹簾捲起來，冰在冰箱稍微靜置一段時間後切開。
5 放上黑橄欖，插上裝飾的牙籤。

柿子和生火腿・莫札瑞拉起司
1 將柿子切成梳子狀，用生火腿包起來，再放上莫札瑞拉起司。
2 放上綠橄欖，插上裝飾的牙籤。

胡蘿蔔湯

| 材料 6人份 |
胡蘿蔔—180g（切段）
雞湯塊—3g
水—500cc
牛奶—100cc
生奶油—100cc
鹽—少許
胡椒—少許

| 作法 |
1 在鍋子中用水煮胡蘿蔔。
2 將雞湯塊加入1，煮到變軟後，連同湯汁倒入食物調理機中。
3 倒回鍋子裡，加入牛奶、生奶油，再加入鹽、胡椒調味。

蔬菜棒
佐甜菜醬

| 材料 6人份 |
蔬菜
小黃瓜—1條
小胡蘿蔔—6條
西洋芹—1根
甜菜醬
煮過的甜菜—1/4個
凱薩沙拉醬—適量（市售）

| 作法 |
1 將蔬菜切成易入口的條狀。
2 將煮過的甜菜和凱薩沙拉醬將以1:2的比例放進食物調理機。盛到玻璃杯中，加入1。

古斯米塔布蕾沙拉

| 材料 4人份 |
古斯米—125g
A 蔬菜汁（綜合）—150g
橄欖油—2大匙
檸檬汁—1顆
鹽—1/2小匙
胡椒—少許
孜然粉、孜然籽—各1大匙
餡料
小黃瓜—1條、紫洋蔥—1/2顆
大蒜—2瓣、薄荷葉—數片
配料
洋蔥絲、烤箱烤過的番茄
（番茄乾）、黑橄欖—各適量

| 作法 |
1 在碗中加入古斯米和A混合，冰在冰箱2小時。
2 將內餡全部切碎，加入1。
3 把配料也全部切碎，將2盛到器皿上，將配料放上去。可隨喜好添加細菜香芹或義大利巴西里（都份量外）。

雞蛋塔

| 材料 6人份 |
蛋－6顆
培根－2片
綠橄欖（無籽）－6顆

| 作法 |
1 用開蛋器將蛋的上半部打開。
2 去除一部分 1 的蛋白。
3 在大鍋中將水煮沸，將 2 的蛋
並排放入，煮到半熟為止。
4 將培根煎到酥脆，切成小塊放
入 3。綠橄欖也切丁放入。
5 將 4 擺到蛋架上。

用專用的開蛋器打開蛋殼。

將蛋放入沸騰的鍋中，讓蛋浮著。

將部分蛋白取出，減量是為了煮的
時候方便。

開面三明治2種

| 材料 長棍麵包1條 |
長棍麵包－1條
餡料
　酪梨－1顆（切薄片）
　嫩葉－適量（撕開）
A　迷你小番茄－適量
　紅葉－適量（切碎）
　火腿－適量（切1/4）
B　山葵菜－適量（撕開）
酸奶油美乃滋
美乃滋－3大匙
酸奶油－2大匙
大蒜－1/2瓣（切碎）
鹽、胡椒－各少許

| 作法 |
1 將長棍麵包對半直切。
2 將酸奶油美乃滋的所有材料混
合。
3 將 2 塗在長棍麵包上，整齊地
放上餡料。半片麵包放上A，另外
半片放上B。

開面三明治的材料。將長棍麵包對
半直切。

擺上葉片蔬菜，決定餡料的擺放位
置。

將酸奶油美乃滋塗在長棍麵包的切
面上。

放餡料的時候保持適當間距，吃的
時候比較好切。

迷你鬆餅
鮭魚・馬斯卡彭起司

| 材料 4～6片份 |
低筋麵粉—120g
蛋—1顆
細砂糖—2大匙
鹽—1/5小匙
牛奶—100cc
鬆餅粉—1小匙
融化的奶油—10g
佐料—煙燻鮭魚、馬斯卡彭起司、蒔蘿各適量

迷你鬆餅

| 作法 |

1 在碗中加入蛋、細砂糖和鹽，用打蛋器混合攪拌（**a**）。打到細砂糖溶解變白後，加入牛奶混合（**b**）。

2 加入低筋麵粉和鬆餅粉（**c**），仔細混合，變得黏稠後加入融化的奶油（**d・e**）。

3 將全部材料混合後，蓋上保鮮膜，在常溫中靜置1小時。

4 用中火加熱平底鍋，將**3**倒入，呈現直徑10cm的圓形，用冰淇淋挖杓會很方便（**f**）。煎2～3分鐘，當表面出現一顆一顆的氣泡、下面出現焦色時翻面，用鍋鏟輕壓表面，再煎2～3分鐘（如果竹籤刺進去沒有沾黏麵糊就是熟了）。

在煎好的迷你鬆餅上擠上馬斯卡彭起司，放上煙燻鮭魚和蒔蘿。

布利尼薄餅
雞肉火腿佐香料咖哩醬

| 材料 5～7片份 |
低筋麵粉 — 40g
蕎麥粉 — 60g
蛋 — 1顆
鹽 — 1/2小匙
牛奶 — 125cc
乾酵母 — 1g
洗雙糖 — 1大匙
奶油 — 10g
佐料 — 雞肉火腿、香料咖哩醬、細菜香芹

布利尼薄餅

| 作法 |

1 在鍋子倒入牛奶和奶油，加熱約40℃（**a**）。

2 在碗中放入低筋麵粉、蕎麥粉、乾酵母、鹽和洗雙糖，倒入 **1** 中混合（**b～d**），溶解後加入蛋，仔細攪拌（**e·f**）。

3 蓋上保鮮膜，靜置30分鐘，用常溫發酵。

4 用中火加熱平底鍋，使用湯匙（或是冰淇淋挖杓）挖 **3** 倒入鍋中，呈現直徑10cm的圓形，當煎到表面稍微有氣泡後翻面，將兩面煎熟（**g**）（煎到用竹籤刺進去後不會沾黏麵糊）。

香料咖哩醬

| 材料 |

咖哩粉 — 1小匙、酸奶油 — 25g、美乃滋 — 70g、檸檬汁 — 1/4顆、珠蔥 — 1小匙、蒔蘿 — 1枝、大蒜、鹽、胡椒 — 各少許

| 作法 |

1 將珠蔥、蒔蘿、大蒜切碎，將所有材料混合。

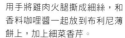

用手將雞肉火腿撕成細絲，和香料咖哩醬一起放到布利尼薄餅上，加上細菜香芹。

甜披薩

| 材料 直徑20cm 2片 |

高筋麵粉—130g
　北海道春小麥混和
　（はるゆたかブレンド）
低筋麵粉—70g
乾酵母—2.5g
砂糖—8g　鹽—少許
EV橄欖油—10g
水—100cc

餡料（各適量）
調溫白巧克力
奶油起司
黑莓、樹莓、藍莓
糖粉

| 製法 |

1　揉麵—15分鐘
2　第一次發酵—30分鐘
3　分割・滾圓—160g，2等分
4　中間發酵—無
5　整形
6　最後發酵—無
7　烤焙—210℃，8分鐘

| 重點 |

● 揉好的麵團溫度為27℃。

1 在碗中加入麵粉2種、砂糖和乾酵母，混合攪拌，再加入鹽混合。

2 一邊慢慢倒入水，一邊用手將水分和麵粉均勻混合。

3 當變成一塊麵團時，加入橄欖油。

4 揉15分鐘，直到橄欖油和麵團均勻混合。

5

將麵團滾圓。

6

在碗上蓋上保鮮膜，防止麵團乾燥，在常溫放置30分鐘進行第一次發酵。

7

用切刀將麵團切成2等分。

8

將切下來的麵團滾圓。用雙手排氣，不斷改變方向往內拉整，整成圓形。大約重複4次，讓外表變得美觀。

9

將麵團背面仔細黏緊。

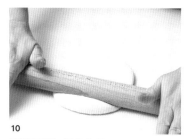

10

用擀麵棍排氣並延展麵團。

11

整成直徑20cm的圓形，烤箱以210℃預熱。

12

在距離邊緣1.5cm的地方用叉子點出一圈凹凸的小點，也在麵團整體上點出凹凸的小點（為了不讓麵團膨脹所以要排氣）。

13

準備水果、奶油起司和調溫白巧克力，作為**12**的餡料。

14

水果是使用3種冷凍莓果，在水果上擺上切成塊狀的奶油起司。

15

用菜刀將調溫白巧克力切成細絲，撒在**14**上面。烤焙完成後，撒上糖粉。

招來福氣的中國新年

因為想體驗中國新年，也就是春節，所以我邀請了朋友們來家裡，為他們獻上中國料理。

我在上海和台灣旅行時都覺得蔥花捲等蒸的麵點十分美味！

我很想要重現這些料理，但不斷失敗，最後才終於完成比較好的食譜，所以這也是我的發表會。

桌子上的仙人掌葉和花色桌布互相輝映，

充滿綠色的器皿，比起「綠」這個字，或許「碧」字更為貼切，

這些陶、瓷器都是日本製的。雖然說要呈現中國風，

但我認為重點是不要太過死板，應該要拉開一段適當的距離。

Bring Good Luck! Chinese New Year

Early Spring

花捲
原味、焙茶、蔥花

蓬鬆又口感扎實的花捲。如同其名，它的麵團是包捲成形，所以切面像是2個漩渦交織在一起。作法稍微複雜，但這正是它美味的秘訣。因為很簡單就能蒸熟，希望大家都能學會。這次介紹3種顏色的花捲，分別使用單純的基礎麵團、焙茶以及蔥。花捲在中國料理中像是外國的麵包一樣，會在吃飯時一起上桌，不過我把它變成裡面挾著餡料的點心，看起來像是漢堡。在焙茶花捲中我放入了甜黑芝麻糊，在蔥花捲中我則放入了烤豬肉、蔥白絲和沙拉生菜。

作法P.108

燒餅

燒餅是中國‧台灣路邊攤料理的知名料理之一，因為我想要表現出餅皮的美味，所以做的稍微厚實，並且煎過。裡面包有蝦子和韭菜，這道點心和花捲相比整形比較簡單，請大家務必嘗試看看。內餡的口味多樣，發酵完成後，用平底鍋將正反兩面煎到酥脆，冷掉後即使重煎也OK。最後將燒餅放入我很喜歡的雙層竹籠裡即可上桌。

作法P.110

上‧左／茼蒿和章魚沙拉。在上桌前淋上熱騰騰的柚子醋和芝麻油醬。

上‧右／糖醋香菇和甜椒。因為是裹了太白粉的炸香菇，所以味道不同於只有蔬菜的素齋，這道菜味道濃郁，份量紮實。用花捲沾著糖醋醬吃十分美味。

下‧右／碗裡是芝麻山芋雞湯。因為拿來當托盤用的瓷盤是平底的，所以有許多用途。桌子中間的長盤為福岡光里製作。

下／喝茶用的邊桌也充滿綠色。茶杯為萩燒陶。

上‧左／將自製的烤豬肉切成薄片後，用生菜包著一起吃，盛在流線型的器皿上，並用蔥白絲和香菜妝點。

下‧左／我喜歡有現代感又充滿色彩的南部鐵器，所以喝茶時間經常出現這個鑄鐵茶壺。這個茶具很不可思議，無論和亞洲料理還是歐美料理都很搭，讓人很欣喜。

下‧右／椰奶凍，盛在粉紅色的玻璃杯中。

茼蒿和章魚沙拉

| 材料 4人份 |
茼蒿 — 1把
細蔥 — 4根
鴨兒芹 — 1把
熟章魚 — 100g（切塊）
柚子醋 — 35cc
芝麻油 — 25cc
柚子皮 — 適量（切絲）

| 作法 |
1 在小鍋子中加入柚子醋，開火，倒入熱過的芝麻油，出現滋的聲音後，將鍋子拿開。
2 將茼蒿、細蔥、鴨兒芹、熟章魚放入器皿中，淋上 **1**，撒上柚子皮。

糖醋香菇和甜椒

| 材料 4人份 |
香菇 — 12朵（對半切）
紅甜椒 — 1個（切成1cm塊狀）
洋蔥 — 1/2顆（切成1cm塊狀）
生薑 — 少許（切絲）
太白粉 — 2大匙
油（油炸用油）— 適量
芝麻油 — 適量
　　水 — 1又1/2杯
　　蠔油 — 1大匙
A　韓式辣醬 — 1小匙
　　砂糖 — 4大匙
　　水 — 2大匙
　　鹽 — 2/3小匙
B　醋 — 4大匙
　　太白粉 — 1又1/2大匙

| 作法 |
1 將A和B的材料各自混合。
2 將香菇裹上太白粉，油炸。
3 在平底鍋中加入芝麻油1大匙，加熱後炒生薑、紅甜椒和洋蔥，倒入A，用中火煮熟。
4 在鍋中倒入B，煮滾後加入 **2** 的香菇，混合攪拌後淋上芝麻油。

烤豬肉

| 材料 4人份 |
豬腿肉 — 500g（塊狀）
　　紹興酒 — 60cc
　　醬油 — 50g
A　味噌 — 1又1/2大匙
　　蒜泥 — 2瓣
　　薑汁 — 1大匙
　　楓糖漿 — 50g

| 作法 |
1 在碗中將A混合，製作烤肉醬。將豬腿肉放入烤肉醬中靜置1小時。
2 在鋪了鋁箔紙的烤盤上放上烤網，將塗了烤肉醬的豬腿肉放上去，用230℃的烤箱烤15分鐘。
3 取出豬腿肉，再一次塗上A烤肉醬，放回 **2** 的烤盤中，將肉塊翻面一樣烤15分鐘。中途再取出一次，塗上烤肉醬，再翻面，直到烤到出現焦色為止。

芝麻山芋雞湯

| **材料** 4人份 |
小山芋 — 4個
雞絞肉 — 250g
大蒜 — 1瓣（切碎）
鹽 — 適量
胡椒 — 少許
芝麻油 — 1大匙
白芝麻粉 — 3大匙
水 — 700cc
酒 — 1大匙

| **作法** |
1 將鹽巴和胡椒撒在雞絞肉上然後靜置。
2 用鍋子加熱芝麻油，加入大蒜，爆香後加入**1**和小山芋。
3 小山芋過油後，加入水和酒，轉中火，沸騰後再轉小火，一邊去除雜質一邊煮。加入鹽1小匙和胡椒調味。
4 盛到碗中，撒上白芝麻粉。

椰奶凍

| **材料** 4人份 |
椰奶 — 1杯
牛奶 — 3/4杯
細砂糖 — 60g
吉利丁片 — 5g
生奶油 — 70cc
葡萄酒與莓果果醬 — 適量

| **作法** |
1 將吉利丁片浸在冷水（份量外）中泡發。
2 在鍋中加入椰奶、牛奶，開中火，稍微煮滾後加入細砂糖混合。
3 關火，稍微冷卻後加入吉利丁溶解，仔細攪拌後過濾。
4 將**3**倒入碗中，再將此碗放入另一個更大的碗中，在大碗倒入冷水和冰水，使材料冷卻出現勾芡。
5 在別的碗中將鮮奶油打發至五分，然後用一口湯杓的量分次加到**4**中（不要一口氣加進去，仔細混合攪拌，不要讓生奶油的泡沫消失）。
6 倒入容器中，冰在冰箱3小時，淋上葡萄酒與莓果果醬（果醬可隨個人喜好）。

原味花捲

| 材料 8個份 |
低筋麵粉 — 250g
高筋麵粉 — 50g
乾酵母 — 6g
烘焙粉 — 6g
細砂糖 — 30g
鹽 — 5g
水 — 150cc
太白胡麻油 — 12cc

| 製法 |

1 揉麵 — 10分鐘
2 第一次發酵 — 60分鐘
3 分割‧滾圓 — 無
4 中間發酵 — 無
5 整形
6 最後發酵 — 28℃的發酵器具，20分鐘
7 蒸熟 — 用蒸籠蒸15分鐘

| 重點 |
● 揉好的麵團溫度為24～27℃。

將完成揉麵和第一次發酵的花捲麵團滾圓、整形。
從右數來依序是一般、蔥花、焙茶的3種麵團及材料。

1
將麵團表面朝下放在揉麵墊上，用雙手輕壓排氣。

⌄

2
用擀麵棍延展麵團，整成32×15cm的形狀。

⌄

3
將32cm當作橫邊，用毛刷塗上太白胡麻油（上下2cm為收口，所以不要塗上胡麻油）。

⌄

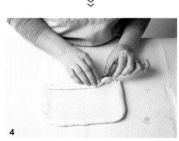

4
從下方2cm折進來，當作麵團的中心。

5
繼續向外側捲，保持同樣厚度。

⌄

6
捲完後將麵團兩端仔細黏緊。

⌄

7
將收口朝下，用刀子切成8等分，再將每一個切成2等分，總共分成16份。

⌄

8
將切成16等分的麵團，每2個並排，切面朝上。

9

將**8**的麵團兩兩相疊，用拇指和食指捏住左右兩邊。

≫

10

雙手旋轉時麵團也會跟著旋轉，然後雙手再回到原本的位置，如此扭轉麵團。

≫

11

延展麵團，讓麵團看起來是花捲的形狀。

≫

要將茶葉弄得細碎，可以使用研磨器具，也能包在廚房紙巾中用擀麵棍擀。香味佳又清爽的口感十分適合花捲。

如果放入大量的蔥花味道會十分濃郁，注意切麵團的時候不要讓蔥花掉出來。

12

將麵團兩端稍微重疊收緊。將整形好的麵團放到鋪了烘焙紙的蒸籠中，進行最後發酵（28℃，20分鐘），然後再蒸15分鐘即可完成。

焙茶花捲

|材料 8個份**|**
原味的材料＋茶葉
　（磨成粉末狀）－7g
|製法|
和原味相同，在捲麵團時放入茶葉。

蔥花捲

|材料 8個份**|**
原味的材料＋青蔥（切碎）
　－1/2把
|製法|
和原味相同，在捲麵團時放入蔥花。用蒸籠蒸12分鐘。

蝦子·與韭菜燒餅

| 材料 12個份 |
高筋麵粉—300g
乾酵母—5g
烘焙粉—5g
細砂糖—20g
鹽—3g
水—200cc
太白胡麻油—12cc

內餡
蝦子（黑虎蝦）—6條（切碎）
生薑—1片
韭菜—1把（切碎）
鹽—1g
芝麻油—2大匙
雞湯粉—1/2小匙
＊用平底鍋加熱芝麻油，加入生薑爆香後，加入剩下的食材炒，再用鹽和雞湯粉調味。

| 製法 |
1 揉麵—10分鐘
2 第一次發酵—40分鐘
3 分割·滾圓—45g，12等分
4 中間發酵—無
5 整形
6 最後發酵—常溫20分鐘（24～27℃）
7 煎熟—用平底鍋，開大火～小火，每面煎5分鐘

| 重點 |
● 揉好的麵團溫度為24～27℃。

1

在揉麵墊上將分割成45g的麵團滾圓。滾圓的時候，麵團像是被手掌包覆住，在手中滾動的感覺。

2

用擀麵棍延展麵團，整出直徑8cm的圓形。

3

將**2**的麵團放在拇指和食指上，放入餡料。

4

包住餡料，將收口周圍整平並收緊。

5

將麵團收口朝下，讓麵團休息。

6

用手掌輕敲壓平，放到平底鍋上，進行最後發酵，20分鐘後將燒餅煎熟。

Chapter 2

製作話題麵包

Deli Roll & Pastry

豪華的手工炸麵包

高水量鄉村麵包的變化

使用蔬菜讓Ciaco原創麵包更美味

派對麵包，變化自由自在

用天然酵母格子鬆餅招待客人

甜甜的杯子蛋糕，超適合派對和送禮

2種造型三明治

豪華的手工炸麵包

咖哩麵包
皮羅什基

日本獨特的咖哩麵包受到男女老少的喜愛，是十分受歡迎的點心。這裡我也會教源於俄羅斯·東歐的皮羅什基，它的麵團，還有裹上麵包粉油炸的製作流程和咖哩麵包都是相同的。將炸好的麵包放到午餐盤上，並附上濃湯。

咖哩麵包

| 材料 16個份 |
高筋麵粉 — 280g（70%）
低筋麵粉 — 120g（30%）
乾酵母 — 10g（2.5%）
砂糖 — 40g（10%）
鹽 — 4g（1%）
無鹽奶油 — 40g（10%）
水 — 192cc（48%）
全蛋 — 60g（15%）
蛋液、麵包粉、油炸用油
　— 各適量

內餡
| 鷹嘴豆印度咖哩

| 製法 |
1　揉麵 — 20分鐘
2　第一次發酵 — 40分鐘
3　分割・滾圓 — 45g，16等分
4　中間發酵 — 15分鐘
5　整形 — 包住內餡整成圓形
6　最後發酵 — 35℃的發酵器具，20分鐘
7　油炸 — 用毛刷塗上蛋液，裹上麵包粉，用160〜180℃的油炸5〜6分鐘。

| 重點 |
● 揉好的麵團溫度為27℃。

鷹嘴豆印度咖哩

| 材料 |
綜合絞肉 — 230g
EV橄欖油 — 3大匙
奶油 — 40g
孜然（完整）— 3小匙
A｜洋蔥 — 3顆
　｜大蒜（切碎）— 2瓣
　｜生薑（切碎）— 拇指大
　｜薑黃 — 1.5小匙
B｜辣椒粉 — 2小匙
　｜香菜 — 2大匙
番茄罐頭 — 1罐（整顆）
　｜水 — 2杯
　｜鷹嘴豆 — 300g（水煮）
C｜葛拉姆馬薩拉 — 2大匙
　｜鹽 — 2小匙
　｜法式清湯塊 — 1塊
　｜伍斯特醬 — 1大匙

| 作法 |
1　在鍋子中加入油、奶油、孜然，開火爆香後加入A，炒1小時直到變成深咖啡色為止。
2　加入綜合絞肉，炒到變色為止，再加入B，炒1分鐘。
3　加入罐頭番茄，用大火炒5分鐘，讓水分蒸發。
4　將C倒入3，煮30分鐘，直到濃稠度變得適中。

皮羅什基

| 材料 14個份 |
和咖哩麵包一樣，只有內餡不同。

| 製法 |
1　揉麵 — 20分鐘
2　第一次發酵 — 40分鐘
3　分割・滾圓 — 43g，14等分
4　中間發酵 — 15分鐘
5　整形 — 包住內餡整成半圓形
6　最後發酵 — 35℃的發酵器具，20分鐘
7　油炸 — 用毛刷塗上蛋液，裹上麵包粉，用160〜180℃的油炸5〜6分鐘。

內餡

| 材料 |
綜合絞肉 — 240g
冬粉 — 20g
　｜洋蔥 — 1顆（切碎）
　｜香菇 — 3朵（切碎）
A｜杏鮑菇 — 2朵（切碎）
　｜蘑菇 — 4朵（切碎）
　｜高麗菜 — 2片（切碎）
鹽、胡椒 — 各適量
EV橄欖油 — 適量

| 作法 |
1　用溫水泡發冬粉，瀝乾後切成2cm長。
2　在平底鍋加入橄欖油，用大火炒A，加入鹽、胡椒調味，炒好後盛到方盤中。
3　用平底鍋加熱橄欖油1小匙，加入塗抹上鹽和胡椒的綜合絞肉，炒到肉變色為止。
4　在3加入1的冬粉和2，混合攪拌，最後再用鹽和胡椒調味（比炒菜時更重一點的調味）。

麵團的作法請參考P.8〜10的基礎麵團。用擀麵棍將圓球形的麵團延展成直徑為12cm的圓形，將麵團放在拇指與食指上，放入內餡（a），將內餡包起來，整平收口周圍（b），仔細黏緊（c）。因為要拿去油炸，所以收口要特別注意。最後發酵完成後，將麵團全部塗上蛋液，裹上麵包粉（d），拿去油炸。

麵團的作法請參考P.8〜10的基礎麵團。用擀麵棍將圓球形的麵團延展成10×8cm的橢圓形，從外側放入內餡（a），以10cm當作中心線對折，將麵團兩端重疊（b），用手指一邊壓一邊仔細黏緊（c）。因為要拿去油炸，所以收口要特別注意。在35℃的發酵器具中放置20分鐘進行最後發酵（d）。和咖哩麵包一樣，塗上蛋液、裹上麵包粉，拿去油炸。

高水量
鄉村麵包的變化

雙層巧克力
鄉村麵包

只要多做幾次，就能明白製作高水量鄉村麵包
的要領，所以這次我們一起來嘗試加入餡料，
試試不同變化。
下圖為加了可可粉、做甜點用的調溫巧克力等
2種巧克力做成的鄉村麵包。調溫巧克力推薦
使用比較不甜的黑巧克力。

紅酒果乾
黑麥鄉村麵包

這個加了紅酒的麵包，同時也加入了大量的果
乾和堅果，和乳酪十分搭，味道層次豐富（上
圖）。使用煮滾後放涼的紅酒。

紅酒果乾
黑麥鄉村麵包

| **材料** 1個份 |
高筋麵粉－400g（100％）
　中高筋麵粉82.5％
　高筋麵粉17.5％
洗雙糖－12g（3％）
鹽－8g（2％）
生種－24g（6％）
　星野天然酵母
紅酒（煮滾後放涼）－280cc（70％）
乾酵母－2g（0.5％）

餡料
| 果乾－120g（30％）
| 堅果－100g（25％）

| **製法** |
1　揉麵－6分鐘
2　第一次發酵－20℃ 4小時，冰在冰箱5小時
3　分割‧滾圓－不用分割，滾圓
4　中間發酵－20分鐘
5　整形
6　最後發酵－33℃的發酵器具，60～90分鐘
7　烤焙－250℃ 8分鐘，210℃ 15分鐘
　烤箱以250℃預熱，形成蒸氣

| **重點** |
● 第一次發酵後進行中間發酵。

麵團作法請參考P.15～18的高水量鄉村麵包。將完成中間發酵的麵團放在撒了麵粉的木板上，用雙手將麵團延展成直徑24cm的圓形，放上喜歡的堅果類和果乾。

左右兩邊各向中間折1/3，旋轉90度後一樣折1/3，將跑出來的堅果壓回去，盡快整形。

雙層巧克力
鄉村麵包

| **材料** 1個份 |
高筋麵粉－400g（100％）
　中高筋麵粉82.5％
　高筋麵粉17.5％
洗雙糖－12g（3％）
鹽－8g（2％）
生種－24g（6％）
　星野天然酵母
水－280cc（70％）
乾酵母－2g（0.5％）
可可粉－15g（3.7％）

餡料
| 調溫巧克力Extra Bitter－72g（18％）

| **製法** |
1　揉麵－6分鐘
2　第一次發酵－20℃ 4小時，冰在冰箱3小時
3　分割‧滾圓－不用分割，滾圓
4　中間發酵－20分鐘
5　整形
6　最後發酵－33℃的發酵器具，60～90分鐘
7　烤焙－250℃ 8分鐘，210℃ 15分鐘
　烤箱以250℃預熱，形成蒸氣

| **重點** |
● 第一次發酵後進行中間發酵。

麵團作法請參考P.15～18的高水量鄉村麵包。將完成中間發酵的麵團放在撒了麵粉的木板上，用雙手將麵團延展成直徑24cm的圓形，放上切碎的調溫巧克力。

重複向中間折小三角形並黏緊，將巧克力牢牢包住。在折三角形的過程中也能順便排氣。

紅酒果乾黑麥鄉村麵包和雙層巧克力鄉村麵包的麵團收口都要朝上，整形後放入撒了麵粉的發酵籃中。圖為麵團放入33℃的發酵器具，完成最後發酵後的樣子。當麵團膨脹至發酵籃8分滿的位置時即是發酵完成，但是加了堅果或水果的麵團比較難以膨脹，所以大概是7～8分的位置。將麵團從發酵籃中取出，用割紋刀在表面劃出三條紋路後進行烤焙。

使用蔬菜讓Ciaco原創麵包更美味

蔬菜圓麵包

將小塊蔬菜加到麵團裡的蔬菜圓麵包。將麵團整成小小的圓形，放入9cm的模型中發酵，然後烤焙。上頭蔬菜的擺法也是展現品味的地方。

蔬菜螺旋麵包

用麵團包捲著胡蘿蔔然後進行烤焙，是相當大膽的一道食譜。當蘿蔔出現蒸熟的感覺時即是完成。圖為黃色的島蘿蔔。

蔬菜麵包（p.42）的變化

| 材料 蔬菜螺旋麵包1個份、蔬菜圓麵包3個份 |

高筋麵粉 — 200g（100%）
  高筋麵粉30%
  特高筋麵粉70%
乾酵母 — 4g（2%）
砂糖 — 16g（8%）
鹽 — 3g（1.5%）
水 — 120cc（60%）
無鹽奶油 — 20g（10%）
胡蘿蔔 — 1條
內餡（切碎蔬菜）— 適量
配料（帕馬森乾酪）— 適量

| 製法 |

1　揉麵 — 20分鐘
2　第一次發酵 — 40分鐘
3　分割‧滾圓 — 蔬菜圓麵包60g，3等分、蔬菜螺旋麵包183g，1等分
4　中間發酵 — 15分鐘
5　整形 — 蔬菜螺旋麵包：整成條狀，包住紅蘿蔔
　　蔬菜圓麵包：包住內餡，整圓，放入圓形模具
6　最後發酵 — 35℃的發酵器具，25分鐘
7　烤焙 — 蔬菜螺旋麵包：190℃，20分鐘
　　蔬菜圓麵包：190℃，15分鐘

| 重點 |

● 內餡為切碎的洋蔥、胡蘿蔔和紅甜椒。
● 揉好的麵團溫度為27℃。
● 最後發酵完成後，撒上帕馬森乾酪再烤焙。
● 蔬菜圓麵包使用直徑8cm、高4cm的圓形模具。完成後插上可生食的蔬菜。

蔬菜螺旋麵包

1
將麵團延展成內餡長度的1.6倍。用雙手將麵團左右滑動，延展成條狀。

2
在胡蘿蔔上將條狀麵團斜捲，包裹住蘿蔔。

3
捲完後將收口黏緊。

在烤盤上鋪上烘焙紙，將麵團放入噴了油的圓形模具中，距離模型邊緣一段距離。進行最後發酵。

蔬菜圓麵包

1
將麵團表面朝下放在揉麵墊上，用手輕壓排氣。

2
在整成直徑8cm的圓形麵團上放上切好的蔬菜。

3
將內餡包起來，並將收口周圍整平。

4

Kiredo蔬菜園

位於千葉縣四街道市的蔬菜園Kiredo，每年生產世界各國150種以上的不同蔬菜，從東洋到西洋都有。這裡的蔬菜具有強烈甜味，沒有蔬菜的臭味，香草也重現原來的香氣，我非常常宅配他們家的蔬菜。負責人栗田貴士堅持蔬菜的美味與趣味，他的Kiredo蔬菜工作室也是有趣的場所，在那裡可以看到使用栽種的蔬菜所做的餐點或加工品，還有工匠們的手工器皿。

Kiredo的個人宅配，讓從前只提供給餐廳的蔬菜走進家庭。我造訪蔬菜園的時節是根莖類等冬季蔬菜收成的季節。http://www.kiredo.com/

潛艇堡

| 材料 2個份 |
高筋麵粉 — 300g（100%）
乾酵母 — 4.5g（1.5%）
砂糖 — 21g（7%）
鹽 — 4.5g（1.5%）
牛奶 — 195cc（65%）
無鹽奶油 — 21g（7%）

| 製法 |

1　揉麵 — 20分鐘
2　第一次發酵 — 40分鐘
3　分割・滾圓 — 220g，2等分
4　中間發酵 — 20分鐘
5　整形
6　最後發酵 — 35℃的發酵器具，20分鐘
7　烤焙 — 170℃，15分鐘

| 重點 |

● 揉好的麵團溫度為27℃。
● 烤焙前撒上麵粉，直劃出紋路，每條紋路間隔2cm。

長25～27cm。潛艇堡顧名思義就是形狀像潛艇，直線延伸的紋路也十分美麗。潛艇堡不使用水，而是使用牛奶，表面會烤得酥脆，但麵包本身則柔軟厚實，彈性恰到好處。2017年12月，我做的潛艇堡在伊勢丹新宿店的活動中限量販售，當時名為「好萊塢潛艇堡」。

派對麵包，
變化自由自在

1

製作麵團的過程請參照P.8～10的基礎麵團。將第一次發酵完成後的麵團放到揉麵墊上。將麵團表面朝下，用雙手輕壓排氣。

∨

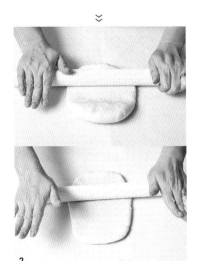

2

用擀麵棍從麵團中央向下擀，然後再從麵團中央向上擀，整成20×15cm的長方形。

∨

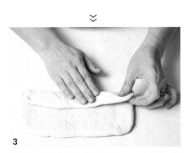

3

將20cm當作橫邊，從下折2cm，一邊伸展麵團一邊捲，厚度要均勻。

∨

4

用手指將收口仔細黏緊。

5

雙手在麵團上滾動，讓麵團左右延展。

∨

6

將麵團整成長27cm。

∨

7

將麵團一端折三角形，角尖朝著收口向內折進。

∨

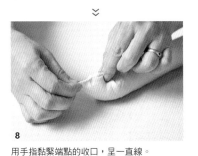

8

用手指黏緊端點的收口，呈一直線。

∨

9

另一端也用同樣的方法折進來。

10

整形完成後進行最後發酵，35℃的發酵器具放置20分鐘。撒上麵粉，劃出紋路後烤焙。

column

派對變化（P.118）

◆橫切三明治

1 在潛艇堡上橫切出開口，塗上芥末美乃滋（之後要切開的部分不要塗）。
2 挾入綠葉、紫菊苣、煙燻火腿、起司，點綴上紫花苜宿及細葉香芹。

◆直切三明治

1 在潛艇堡上直切出3道開口，塗上沙拉醬（混合酸奶油與美乃滋，再以檸檬汁、鹽、胡椒調味）。
2 挾入五彩繽紛的煎培根、紅菊苣、嫩葉、紫花苜蓿、起司，點綴上迷你小番茄。

天然酵母格子鬆餅

|材料 24片份|

高筋麵粉—150g

低筋麵粉—350g

細砂糖—40g

珍珠糖—40g

蛋—200cc

水—240cc

生種—40g
　星野天然酵母

鹽—2g

無鹽奶油—140g

|製法|

1 揉麵—3分鐘（先用打蛋器打蛋，加入細砂糖、珍珠糖混合，再依序倒入水、生種、鹽混合，最後加入高筋麵粉、低筋麵粉，當麵團變得黏稠時加入變軟的奶油）

2 第一次發酵—25℃，5小時（直到表面出現氣泡）

3 排氣—用橡膠鏟刀輕輕混合排氣

4 分割—比利時格子鬆餅：50g
　美式格子鬆餅：100g

5 用鬆餅機烤3分鐘

用天然酵母格子鬆餅招待客人

即使是輕鬆就能烤好的格子鬆餅或薄餅，只要使用了天然酵母，成品就會變得相當不同。
在假日花點時間一起嘗試新變化。

如果有一台Vitantonio的鬆餅機會相當方便，圓形是做比利時鬆餅，方形則是做美式鬆餅。使用天然酵母的格子鬆餅麵團口感佳、份量足，因為短時間就能烤好，要吃的時候就能上桌。

美式格子鬆餅

上‧在烤成四方形的格子鬆餅上添加許多季節水果，可再按照喜好加上冰淇淋、楓糖漿等。

下‧添加煎得酥脆的培根和炒蛋，就是一道假日的午餐。

比利時格子鬆餅

在烤成圓形的格子鬆餅上淋上巧克力醬，撒上糖粉，像這種剛出爐的點心比什麼都美味。

香水檸檬杯子蛋糕

將杯子蛋糕放在藍白直條紋相間的蛋糕紙杯中顯得相當時尚,成分有白巧克力,檸檬的香氣也隱約漂浮在空氣中,是一道相當甜美的甜點。

甜甜的杯子蛋糕，
超適合派對和送禮

用布里歐修麵團做成的杯子蛋糕，像這種既是甜點又是麵包的糕點類，在人多的派對上十分有用。烤一次就能做出許多杯子蛋糕，拿來當作手作的伴手禮，客人們也都會很開心。在此介紹3種不同口味與形狀的杯子蛋糕。

香水檸檬杯子蛋糕

| **材料** 杯子蛋糕模型（容量45g）14個份 |

高筋麵粉 — 300g（100%）
乾酵母 — 6g（2%）
砂糖 — 45g（15%）
鹽 — 4.5g（1.5%）
無鹽奶油 — 60g（20%）
全蛋 — 45g（15%）
水 — 111cc（37%）
榨檸檬汁 — 9cc（3%）

內餡
| 調溫白巧克力 — 60g

裝飾
| 北京檸檬切片 — 14片
（將泡在砂糖水的北京檸檬切片用130℃烤30分鐘）
| 砂糖粉 — 適量

| **製法** |

1 揉麵 — 20分鐘
2 第一次發酵 — 40分鐘
3 分割‧滾圓 — 45g，14等分
4 中間發酵 — 20分鐘
5 整形
6 最後發酵 — 35℃的發酵器具，20分鐘
7 烤焙 — 180℃，13分鐘

| **重點** |

● 內餡的調溫白巧克力需切碎，在揉麵結束前5分鐘加進麵團中，揉5分鐘。
● 揉好的麵團溫度為27～28℃。

1
麵團的作法請參考P.12～13的布里歐修麵團。第一次發酵完成後，將麵團置於揉麵墊上，讓麵團表面延展，整成圓形。

2
將麵團分割成1個45g，用手掌包覆住麵團，一邊滾動一邊排氣。

3
將麵團放入蛋糕紙杯中，再放入瑪芬蛋糕的金屬模具裡進行最後發酵，完成後烤焙。

甜甜的杯子蛋糕，
超適合派對和送禮

咖啡奶油杯子蛋糕

膨起來相當可愛的咖啡杯子
蛋糕。我多方嘗試的結果，
發現比起手沖咖啡粉，用顆
粒狀的即溶咖啡加到麵團後
味道和香氣都比較好，真是
不可思議。

肉桂捲杯子蛋糕

肉桂配布里歐修麵團是永遠
的經典。將奶油起司與肉桂
糖當作內餡，捲起來切段。
將這個杯子蛋糕放進蛋糕紙
杯中烤焙後，漩渦狀的中心
會高高凸起。

咖啡奶油杯子蛋糕

| 材料 杯子蛋糕模型（容量30g）19個份 |
高筋麵粉 — 300g（100%）
乾酵母 — 4.5g（1.5%）
砂糖 — 30g（10%）
鹽 — 4.5g（1.5%）
牛奶 — 105cc（35%）
水 — 90cc（30%）
無鹽奶油 — 30g（10%）
咖啡（顆粒，水溶式）— 9cc（3%）
咖啡香甜酒 — 6cc（2%）

內餡

| 濃縮咖啡奶油*、可可粒 — 各適量
＊用市售的『雪印北海道100 馬斯卡彭起司』混合附贈的濃縮咖啡糖漿

| 製法 |
1 揉麵 — 20分鐘
2 第一次發酵 — 40分鐘
3 分割·滾圓 — 30g，19等分
4 中間發酵 — 20分鐘
5 整形
6 最後發酵 — 35℃的發酵器具，15分鐘
7 烤焙 — 180℃，13分鐘

| 重點 |
● 揉好的麵團溫度為27～28℃（右邊的肉桂捲杯子蛋糕也一樣）。

肉桂捲杯子蛋糕

| 材料 杯子蛋糕模型12個份 |
高筋麵粉 — 300g（100%）
乾酵母 — 6g（2%）
砂糖 — 45g（15%）
鹽 — 3.6g（1.2%）
牛奶 — 90cc（30%）
全蛋 — 75g（25%）
無鹽奶油 — 60g（20%）

內餡

起司奶油
| 奶油起司 — 100g
| 細砂糖 — 10g
| 檸檬汁 — 1小匙
肉桂糖 — 適量

裝飾

| 鮮奶油、肉桂糖、花生碎粒 — 各適量

| 製法 |
1 揉麵 — 20分鐘
2 第一次發酵 — 40分鐘
3 分割·滾圓 — 289g，2等分
4 中間發酵 — 20分鐘
5 整形
6 最後發酵 — 35℃的發酵器具，20～30分鐘
7 烤焙 — 180℃，13分鐘

3
將起司奶油的所有材料混合，塗在麵團上，撒上肉桂糖後用湯匙鋪平。

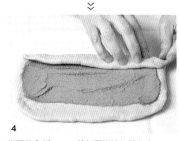

4
從下往內折2cm，將起司奶油包捲起來。

5
捲的時候一邊延展，一邊注意厚度要平均。

1
分割成1個30g，用手掌包覆住麵團，一邊滾圓一邊排氣。

1
第一次發酵完成後，用擀麵棍從麵團中央向上擀，再從麵團中央向下擀，整成24×15cm的長方形。

6
每隔4cm做個記號，切成6等分。

2
將麵團放入蛋糕紙杯中進行最後發酵，完成後烤焙。擠上濃縮咖啡奶油，撒上可可粒。

2
以24cm當作橫邊，用毛刷刷上水，麵團上下各留3cm不要刷，當作收口。

7
將麵團放入蛋糕紙杯中進行最後發酵，完成後烤焙。放上鮮奶油、肉桂糖和花生碎粒。

2種造型三明治

照片經常出現在人氣SNS的造型三明治，切面的魅力是最大的重點。最近我愛上搭配竹炭吐司的三明治，漆黑的吐司配上白色的奶油，再加上3顆葡萄並排形成的切面。雖然大家很讚賞這種讓人印象深刻的組成，但最重要的還是要吃起來好吃。

竹炭三明治

| 材料 2人份 |

竹炭吐司*―4片

A
- 馬斯卡彭奶油―100g
- 煉乳―50g
- 希臘優格―100g

葡萄**（麝香葡萄和貓眼葡萄）
　　―適量

＊在P.8的基礎麵團中加入竹炭粉2%製作竹炭吐司。只是如果放入竹炭粉，烤焙時麵團不會膨脹，所以要讓吐司在最後發酵時膨脹到模具的9分滿的話，要使用特高筋麵粉。

＊＊葡萄以皮可以吃的品種較為適合。

| 作法 |

1 將A混合，製作內餡的奶油。若要口感柔軟、有濃稠感的話，用希臘優格調整比例。

2 將A大量塗在竹炭吐司上，挾入雙色的葡萄，此時調整吐司的切面和葡萄的切面，讓切面看起來和諧。

Condiments

調味料Memo
在鹽巴上做變化

完成時撒上美味又好看的鹽也是重點之一，我最近愛上的是位於右邊的法國產紅酒鹽，在梅洛葡萄與赤霞珠葡萄的紅酒中加入黑胡椒等辛香料，還有薄荷、黑加侖等香草，再加入海鹽的結晶，鹽水分蒸發後就形成這種紅酒鹽（Mille et Une Huiles製造）。左邊則是花瓣鹽，由生產食用花的農園所製造，裡面是可食用的紫羅蘭花，鹽是使用日本海產的「白鑽石」（新潟‧脇坂園藝製）。

放入許多食材，用防油紙包住然後
對切的大份量三明治。這個「酪梨
三明治」的切面美就是使用這種技
巧誕生的，幽默的表情也相當受到
歡迎。先將酪梨對切，然後將水煮
蛋放在本來是酪梨籽的凹處，最後
再對切。

酪梨三明治

| 材料 2人份 |
吐司—4片
蛋—2顆
酪梨—1個
煙燻鮭魚—2片
紫菊苣葉—2片
鹽、胡椒、檸檬汁—各少許
芥末美乃滋—適量

| 作法 |
1 將蛋從水放入鍋子中，煮15分
鐘，然後浸到冷水中，再剝殼。
2 將酪梨直切，去籽剝皮，用檸檬
汁防止褪色。將種籽的部位稍微挖
掉一點果肉，將1顆蛋放進去。
3 將芥末美乃滋塗到4片吐司上。
4 在其中2片吐司上放上紫菊苣葉、
煙燻鮭魚，再撒上鹽、胡椒。
5 將2放到吐司的正中央（酪梨要
橫放，與切吐司的方向平行），再
放上沒有放食材的吐司，最後用防
油紙包住，冰在冰箱一段時間後拿
出來對切。

＊將食材放到吐司上之後，可以用下面的
奶油醬塗在酪梨上，再將酪梨挾起來。

奶油醬
| 易於製作的份量 |
酸奶油—90g
生奶油—1大匙
美乃滋—1大匙
檸檬汁—1小匙
白巴薩米克醋—1又1/2小匙

將水煮蛋放在切半的酪梨上，再將酪梨
橫放在吐司上。吐司上的食材也放在正
中間，上下兩端不要放食材。

將吐司對疊，用防油紙包住，冰在冰箱
一段時間後再對切。

PROFILE

佐川久子 Hisako Sagawa

曾任建築師、室內設計師，現以「麵包和料理的婚禮」為主題，在千葉縣市原市的自家定期舉辦料理教室。2007年成為Baking Studio Grano Di Ciaco的創辦人，兼任社團法人銀座Cooking School協會料理研究家養成講座的麵包講師、法國餐廳的麵包顧問。在伊勢丹新宿店舉辦結合廚具、餐具及食品製造商的活動，以日常生活出發，結合自身獨特的美感。會用個人SNS推廣活動，獲得廣大迴響，相關課程也會在Facebook、Instagram上發布，可透過SNS申請課程預約。

Blog　http://chojiiro.exblog.jp/

◆若對課程與本書食譜有相關疑問請寄信至 1021chako@gmail.com

【撮影協力】

◆ 鍋）ストウブ／ツヴィリング J.A. ヘンケルスジャパン株式会社
https://www.zwilling.jp

◆ 食器）株式会社大橋洋食器
http://www.ohashi-web.co.jp

◆ グラス）イタレッセ／株式会社レイジースーザン
https://www.lazysusan.co.jp

◆ ナチュラルチーズ）熟成士マダム HISADA/ 株式会社久田
http://www.hisada.biz

◆ 花）グレーヌスタイル 涙のたね
https://www.instagram.com/nombre_8787/

◆ 花) flower&plants FLEURIR
http://www.m-fleurir.sakura.ne.jp/index.html

◆ カカオニブ）Cacao Society Tokyo/ 一般社団法人国際カカオ豆協会
http://cacaobean.org

◆ 調味料・シャンパン）株式会社エイアン・インターナショナル
http://eian-int.com

◆ 紅茶）テオドー／株式会社フレッシュクリーム
http://www.theodor.jp

TITLE

Bread Party 宴會料理師的堅持

STAFF		ORIGINAL JAPANESE EDITION STAFF	
出版	瑞昇文化事業股份有限公司	撮影	工藤雅夫
作者	佐川久子	デザイン	GRiD（釜内由紀江、石神奈津子）
譯者	顏雪雪	写真協力	福田純子（P8〜18パン工程と材料写真）
			佐川久子（P51上段左2点、P65上）
總編輯	郭湘齡	調理アシ	西原さつき　佐川杏子
文字編輯	徐承義　蔣詩綺　李冠緯	スタント	
美術編輯	孫慧琪	編集協力	山田朋子　福田芳子
排版	二次方數位設計　翁慧玲		ウィープラネット
製版	明宏彩色照相製版股份有限公司	校正	株式会社円水社
印刷	龍岡數位文化股份有限公司	編集	株式会社世界文化クリエイティブ
			川崎阿久里
法律顧問	經兆國際法律事務所　黃沛聲律師		

戶名	瑞昇文化事業股份有限公司
劃撥帳號	19598343
地址	新北市中和區景平路464巷2弄1-4號
電話	(02)2945-3191
傳真	(02)2945-3190
網址	www.rising-books.com.tw
Mail	deepblue@rising-books.com.tw

初版日期	2019年3月
定價	420元

國家圖書館出版品預行編目資料

Bread Party：宴會料理師的堅持 / 佐川久子作；顏雪雪譯. -- 初版. -- 新北市：瑞昇文化, 2019.03
128 面；18.8 x 25.7公分
譯自：人気パン教室　Grano Di Ciaco の四季のブレッド・パーティ
ISBN 978-986-401-316-6(平裝)
1.點心食譜 2.麵包
427.16　　　　　　　　108002808